全球根除小反刍兽疫计划（2017—2021年）

——促进粮食安全、扶贫和增强适应能力

联合国粮食及农业组织　世界动物卫生组织　编著

徐天刚　左媛媛　译

中国农业出版社
联合国粮食及农业组织
世界动物卫生组织
2018・北京

03—CPP16/17

本出版物原版为英文，即 *Peste des petits ruminants global eradication programme* （*2017—2021*），由联合国粮食及农业组织（粮农组织）和世界动物卫生组织于 2016 年出版。此中文版由中国动物卫生与流行病学中心安排翻译，并对其准确性及质量负全部责任。如有出入，应以英文原版为准。

本信息产品中使用的名称和介绍的材料，并不意味着粮农组织或世界动物卫生组织对任何国家、领地、城市、地区或其当局的法律或发展状态、或对其国界或边界的划分表示任何意见。提及具体的公司或厂商产品，无论是否含有专利，并不意味着这些公司或产品得到粮农组织或世界动物卫生组织的认可或推荐，优于未提及的其他类似公司或产品。

本出版物中陈述的观点是作者的观点，不一定反映粮农组织或世界动物卫生组织的观点或政策。

ISBN 978 - 92 - 5 - 109349 - 8（粮农组织）
ISBN 978 - 7 - 109 - 23806 - 0（中国农业出版社）

粮农组织信息产品可在其网站（www.fao.org/publications）获得并通过 publications-sales@fao.org 购买。

联合国粮食及农业组织（FAO）
中文出版计划丛书
译审委员会

本书译审名单

翻　译　徐天刚　左媛媛

审　校　李金明　彭　冬　吴晓东　宋俊霞

缩　略　语

ASEAN	东南亚国家联盟
AU - IBAR	非洲联盟-非洲动物资源局
CCPP	山羊传染性胸膜肺炎
CC	关键能力
cELISA	竞争性 ELISA
CVL	中央兽医实验室
DIVA	区分感染动物与疫苗免疫动物
DSA	每日生活津贴
EC	欧盟委员会
ECO	经济合作组织（中亚）
ELISA	酶联免疫吸附试验
EPT - 2	新兴流行病威胁项目二期（美国国际发展署资助规划）
FAO	联合国粮食及农业组织
GCC	海湾合作委员会
GEP	全球根除计划
GCES	全球控制和根除策略
GF - TAD	全球跨境动物疫病防控框架
GIP	肠道寄生虫病
GREN	全球研究和专业知识网络
GREP	全球根除牛瘟计划
HIES	家庭收支调查
IAEA	国际原子能机构
ICE	免疫捕获 ELISA
ICT	信息与通信技术
IGAD	政府间发展管理局
LAMP	环介导等温扩增法
LMT	实验室映射工具
LoA	协议书
M&E	监控与评估
NEALCO	东北非畜牧理事会

NGO	非政府组织
NSP	国家战略计划
OIE	世界动物卫生组织
PCP	逐步控制途径
PCR	聚合酶链反应
PE	参与式流行病学调查
PES	肺炎肠炎综合征
PMAT	小反刍兽疫监控与评估工具
PPR	小反刍兽疫
PPRV	小反刍兽疫病毒
PRAPS	萨赫勒地区畜牧业支持项目
PRM	计划层面结果矩阵
PVE	疫苗免疫后评估
PVS	兽医机构效能评估（OIE 工具）
R_0	基本再生数
REC	区域经济共同体
RLEC	区域牵头流行病学中心
RLL	区域牵头实验室
RPLRP	区域牧民生计恢复项目
RRL	区域参考实验室
RT - PCR	反转录聚合酶链反应
SAARC	南亚区域合作联盟
SDG	联合国可持续发展目标
SGP	绵羊痘和山羊痘
SHARE	非洲之角支持恢复（欧盟倡议）
SO	（FAO）战略目标
SOP	标准化操作程序
SR	小反刍动物
SRD	小反刍动物疫病
SSA	撒哈拉以南非洲
TAD	跨境动物疫病
TBD	待定
TCP	（FAO）技术合作项目
TOR	范围

ToT	培训师培训
UNDP	联合国开发计划署
VLSP	（OIE）兽医立法支持计划
VNT	病毒中和试验
VS	兽医机构
VSPA	西部非洲控制非洲小反刍兽疫的疫苗标准和试点方法（VSPA）（比尔及梅琳达·盖茨基金会资助）
WTO	世界贸易组织

执 行 概 要

小反刍动物［全球达 21 亿头（只）］是许多低收入、食物匮乏家庭拥有的主要牲畜。小反刍动物的养殖适合于各种生产系统，可为土地带来增值。

小反刍兽疫（PPR）是由麻疹病毒（副黏病毒科）引起的野生和家养小反刍动物的高度传染性疫病，发生在整个非洲（非洲最南部国家除外）、亚洲西部和南部以及中国。小反刍兽疫首次报道于 1942 年，在过去 15 年时间内以惊人的速度向未发生疫情地区扩散，致使成千上百万的小反刍动物处于危险之中。那些历史无小反刍兽疫的国家和地区，小反刍兽疫的传入，给当地社会造成了巨大的经济损失，严重危害到数亿小农户和牧民的生计，带来严峻的食物安全和营养问题。小反刍兽疫每年造成的损失据估计可达 14 亿～21 亿美元。[①]由于小反刍兽疫而造成的牲畜损失也迫使牧民和农民不得不离开他们赖以生存的土地和家园以寻求其他谋生手段。这些损失导致各种社会问题，如贫困、营养不良、社会和经济不稳定以及冲突。

加大对根除小反刍兽疫运动的投入将会有力促进食品安全，帮助世界最脆弱的牧区和农村的农牧民们减贫脱困。因此，这也将直接惠及发生疫情国家牧民和饲养牲畜的小农，帮助他们维持生计。

全球已经就控制与根除小反刍兽疫工作达成共识。在 2015 年 3 月 31 日至 4 月 2 日，联合国粮食及农业组织（FAO）和世界动物卫生组织（OIE）在科特迪瓦阿比让组织召开了全球小反刍兽疫控制及根除会议，批准通过了《全球控制和根除小反刍兽疫策略》（PPR GCES）。该策略的目标是于 2030 年在全球范围内根除小反刍兽疫。为支持根除小反刍兽疫，必须加强兽医机构（VS）能力，这也有助于各利益相关方防控其他需要优先考虑的小反刍动物疫病。

全球根除小反刍兽疫计划的推行是基于一项为期 15 年的活动，到 2030 年结束。全球根除小反刍兽疫计划的第一个五年计划将为该策略的实施奠定基础。这五年的活动也将影响联合国《2030 年可持续发展议程》相关目标的实现，并作为其有力的补充。全球根除小反刍兽疫计划旨在与合作伙伴一起强化有关模型的实施，重新启动并巩固全球根除牛瘟计划（GREP）期间搭建的合作关系。

1. 计划的目标

全球根除小反刍兽疫计划首先通过降低当前存在疫情国家的发病率，为根

① 全球根除小反刍兽疫计划，2015 年。

除小反刍兽疫奠定基础。该计划也将提高未发生疫情国家防范小反刍兽疫病毒（PPRV）的能力，以此作为向 OIE 申请无小反刍兽疫官方认可的依据。在五年计划期内，国家兽医机构将是成功实施计划的主角。若可行，计划还将支持降低其他优先防控小反刍动物疫病（SRD）的发病率，尤其是最有可能助推实现全球根除小反刍兽疫计划目标的小反刍动物疫病。目前报道的有小反刍兽疫疫情发生的 62 个国家和 14 个有疑似感染或可能感染的国家将是全球根除小反刍兽疫计划的主要关注对象。

2. 计划采取方法

作为更为广泛的全球小反刍兽疫控制和根除策略的构成要素，全球根除小反刍兽疫计划由多个国家参与，分多个阶段实施，并且以降低疫病流行风险水平、提高防治成效为目标。该计划设置的四个阶段包括评估、控制、根除和维持无小反刍兽疫状况。国家不管从哪个阶段开始，均会得到支持以获得小反刍兽疫防治所需的五个关键要素及相对应的能力，即诊断体系、监测体系、防治体系、法律框架和利益相关方参与。落实这五个要素会使相关国家能够充满信心地迈向控制和根除小反刍兽疫的更高阶段。小反刍兽疫监控与评估工具（PMAT）可看作是全球小反刍兽疫控制和根除策略的一部分。该工具通过要求相关国家提供特定疫病流行病学状况以及开展活动的证明，来测评其在每个阶段的活动成效及影响，然后将其转化成指南和里程碑。

由于小反刍兽疫具有跨境传播的特点，全球小反刍兽疫控制和根除策略确定了 9 个区域（次区域），通过开展定期的区域协调会议，与利益相关方进行直接的信息交流。全球根除小反刍兽疫计划还介绍了流行病学区划方法，该方法将具有相似流行病学状况的区域（地区）划分成片区，要求通过开展跨区域联合防控来控制和根除小反刍兽疫。

3. 计划的框架

下一个五年的计划活动如下：

构成要素 1：促进有利环境，加强兽医能力建议

构建适合全球根除小反刍兽疫计划实施的环境需要有合理的结构化框架，有农民和牧民的全力支持和参与，以及与之相适应的法律框架和强有力的兽医机构。

次级构成要素 1.1：小反刍兽疫战略和技术规划

采用渐进法根除小反刍兽疫的国家将会制订自己的《国家战略计划》（NSP），并补充以下相关技术计划：

①《国家评估计划》（针对进入第一阶段的国家）；

②《国家控制计划》（针对进入第二阶段的国家）；

③《国家根除计划》(针对进入第三阶段的国家)。

这些计划将与构成要素 2 中的流行病学评估综合使用，还将支持区域经济共同体（REC）制定符合全球控制和根除策略（GCES）的区域战略。

次级构成要素 1.2：利益相关方的意识和参与度

如果希望小反刍动物（SR）价值链相关参与者能有效地参与计划的实施，那么提高他们对小反刍兽疫的防控意识至关重要。组织利益相关方开展的活动将由国家层级来制定，同时制定和宣传相关战略和资料。公共兽医机构和非政府组织（NGO）之间应建立积极的合作关系，促进与私营部门和民间社会组织的合作。在兽医官方机构监督下，积极为有需求地区的社区动物卫生工作者（CAHW）提供相关培训支持。

次级构成要素 1.3：法律框架

适当的法律框架是国家和地方政府，尤其是兽医机构提供实施根除小反刍兽疫措施所需权力和能力的基石。OIE 兽医立法支持计划将帮助各国适当更新其法律框架以便实施。相关国家机构需要考虑的其他法律方面包括土地使用权、商业、进出口、药典、商品贸易和童工。通过与区域经济共同体协作，全球根除小反刍兽疫计划将推行区域研讨会以协调兽医战略。

次级构成要素 1.4：加强兽医机构效能

已经开展过 OIE 兽医机构效能评估（PVS）的国家将由全球根除小反刍兽疫计划指定的相关机构和决策者对其评估结果和建议进行审查。鼓励那些完成兽医机构效能达五年以上的国家继续申请开展兽医机构效能后续评估或者进行兽医机构效能评估差距分析（如果还没有进行）。OIE 区域和次级区域代表处将与区域经济共同体协调分析兽医机构效能评估报告和差距分析报告以便更好地确定需求。

构成要素 2：诊断和监测系统支持

全球根除小反刍兽疫计划将支持更好地了解一个国家或一个地区的小反刍兽疫状况（存在疫病或可能没有）及其在不同农业体系中的分布，还有其最终对这些体系的影响。这需要评估疫病的流行病学状况，并建立监测体系。该计划将支持构建区域实验室和流行病学网络，以便更好地进行协调和交流信息。

次级构成要素 2.1：流行病学评估

在国家层面，将使用小反刍兽疫监控与评估工具对小反刍兽疫状况进行年度的更新评估。各国将制订国家评估计划，并通过适用于流行病学系统和价值链的风险分析原则进行实地评估，以确定风险点和传播途径。若可行，还需要进行区域评估以维持一个国家的无小反刍兽疫状况。

次级构成要素 2.2：加强监测系统和实验室能力建设

在根除计划开始阶段进行监测的目的是为根除战略的制定提供依据，并使之能够实现根除。工作目标是发现对病毒维持有至关重要作用的畜群，然后制定适当的疫苗免疫策略。计划将提供一系列有关疫情暴发调查、参与式流行病学研究以及参与式疫病监测的培训课程，包括综合征方法、流行病学和风险评估。计划也支持开发联合国粮食及农业组织（FAO）主导的兽医现场流行病学培训项目（FETPV）以应对小反刍兽疫疫情。

要加强实验室诊断和检测、小反刍兽疫鉴别诊断以及临床病毒分离的鉴定能力。在区域层面，将确定至少九个区域牵头实验室（RLL），帮助培养所需的专业人才，确保诊断检测的质量并支持国家实验室工作。另外还将开展国际（区域）能力比对测试。

次级构成要素 2.3：区域流行病学及实验室网络

计划将建立或加强区域实验室和流行病学网络，促进在九个区域或次区域各建立一个区域牵头实验室（RLL）和区域牵头流行病学中心（RLEC）。区域网络会议将促进区域内国家从事实验室和流行病学工作的人员之间的交流。

构成要素 3：支持根除小反刍兽疫的措施

正如全球小反刍兽疫控制和根除策略中所提出的，支持根除小反刍兽疫的措施包括疫苗免疫、改善生物安全、动物识别、移动控制、检疫和根除。随着一个国家逐步走向无小反刍兽疫状态，这些工具可能会在不同程度条件下被综合应用。

次级构成要素 3.1：免疫疫苗和其他小反刍兽疫防治措施

当前可用疫苗（小反刍兽疫减毒活疫苗）非常有效，可以为动物提供长久保护。另外，热稳定的小反刍兽疫疫苗预计也很快就可以商业化。全球根除小反刍兽疫计划将支持实施小反刍兽疫疫苗生产和交付的质量标准（存储、运输和装卸的最佳实践）。

部分国家还没有完成全面的小反刍兽疫流行病学评估工作（第一阶段），但是目前已在积极进行疫苗免疫。对这种情况，应与相关国家进行磋商以帮助评估其采取的免疫措施是否适当，确保在有关国际机构、单位的参与下，开展的疫苗免疫运动规划合理，各项资源配置充分。根据评估和监测数据，疫苗免疫应该设置时间限制，尽量提高疫苗免疫覆盖率（预期达到 100%的免疫覆盖率，以确保高风险地区的畜群能获得必要的群体免疫保护力），彻底根除小反刍兽疫。应避免或减少进行低覆盖率的年度疫苗免疫。疫苗免疫方案规定动物应该每两年免疫一次，一年内要对幼畜（4 个月至 1 岁）进行跟踪观察。据测算，全球根除计划（GEP）实施期间将要进行疫苗免疫的动物共计 17 亿头

（只）。在每一轮疫苗免疫实施后，应鼓励国家开展疫苗免疫后评估（PVE），并向 FAO、OIE 联合秘书处汇报结果。

次级构成要素 3. 2：展示无小反刍兽疫的状态

约有 79 个国家为小反刍兽疫历史无疫，这些国家如果愿意，可以获得帮助，根据其历史记录申请 OIE 认可的无小反刍兽疫区。对于进入第四阶段的国家，其监测体系应该可以提供没有小反刍兽疫病毒的证据，并生成向 OIE 申请无疫所需的数据。

次级构成要素 3. 3：支持根除在小反刍兽疫过程中防控其他小反刍动物疫病

全球小反刍兽疫控制和根除策略倡导将小反刍兽疫的控制策略与努力打击其他主要的小反刍动物疫病相结合，以提高成本效益和更好地利用现有资金和兽医服务。如果有充足的流行病学数据，国家将会在制定和实施其希望优先控制的小反刍动物疫病计划过程中得到支持。将小反刍兽疫和其他小反刍动物疫病结合的决定必须考虑到是否有足够的流行病学数据可用于优先防控疫病。

构成要素 4：协调与管理

在全球根除小反刍兽疫计划的成功需要全球、区域和国家层面的有效协调机制。

次级构成要素 4. 1：全球层面

在全球层面，小反刍兽疫联合秘书处（FAO 和 OIE 联合管理机构）负责根除计划的整体监督、便利化、建立共识和管理，以及计划的实施、评估、精细化和汇报。小反刍兽疫秘书处将与区域组织、参考实验室（中心）以及技术和研究机构紧密合作，并将促进与其他相关机构的广泛合作。将设立小反刍兽疫咨询委员会，为小反刍兽疫秘书处提供有关计划进展和成果方面的建议。将建立小反刍兽疫全球研究和专业知识网络（GREN），作为小反刍兽疫的科技咨询、辩论和讨论的平台，以鼓励创新。

次级构成要素 4. 2：区域层面

小反刍兽疫秘书处将与各大陆和区域组织，如非洲联盟-非洲动物资源局（AU - IBAR）、区域经济共同体、东南亚国家联盟、经济合作组织（ECO）、海湾合作委员会、南亚区域合作联盟（SAARC）等其他相关机构以及 FAO 和 OIE 区域、次级区域以及国家办公室建立合作伙伴关系，支持根除小反刍兽疫相关的努力。各区域将建立一个区域咨询小组（RAG），监督小反刍兽疫控制措施的实施。区域咨询小组包括三名首席兽医官、区域流行病学网络协调员、区域实验室网络协调员、小反刍兽疫秘书处、FAO 和 OIE 区域（次级区域）办公室两名代表以及区域和次级区域代表各一名。

次级构成要素4.3：国家层面

根除计划将支持各国在主管畜牧业部门建立根除小反刍兽疫国家委员会，以促进磋商和利益相关方的参与。相关部委将任命小反刍兽疫国家协调员以监督计划的实施。将促进邻国之间相互协调，建立并采取协调一致的跨境流行病学区域化管理以根除小反刍兽疫。

4. 计划的成本

五年计划预算：9.964亿美元。

引　言

2015 年 4 月，全球小反刍兽疫控制及根除会议在科特迪瓦阿比让召开，会议通过了全球小反刍兽疫控制和根除策略。该战略由 FAO 和 OIE 提出，目标是于 2030 年全球根除小反刍兽疫。

按照第 24 届农业委员会会议（COAG）建议，第 39 届 FAO 大会批准了全球根除小反刍兽疫计划，并由 FAO 和 OIE 共同推动实施全球小反刍兽疫控制与根除策略。

2016 年 5 月，OIE 第 84 届大会全体代表通过了《全球小反刍兽疫控制和根除策略决议》。

同期，2016 年 4 月 24 日，七国集团（G7）农业部长会议通过了《新潟宣言》，宣言声明："我们鼓励 FAO 和 OIE 根除诸如小反刍兽疫等重大疫病。"① 2016 年 6 月 3 日，二十国集团（G20）农业部长会议在陕西西安召开，会议通过了一项宣言，② 强调小农的适应能力和生产力是全球创新和包容经济发展过程中食物安全、营养、可持续农业增长和农村发展的关键。

FAO 和 OIE 在 2016 年年初成立了全球联合应对小反刍兽疫秘书处，负责设计制订全球根除小反刍兽疫计划，并协调其实施。

全球根除小反刍兽疫计划（2017—2021 年）是 FAO 和 OIE 联合秘书处协商起草的一个五年期计划，协商过程涉及的主要利益相关方有技术专家、区域或国家受益人以及决策者。

（1）自从 2015 年阿比让会议后，FAO 和 OIE 与几个区域机构联合组织召开了区域路线图会议；

（2）详细介绍全球控制和根除策略（GCES）及其工具；

（3）对每个国家的小反刍兽疫状态及其兽医机构的疫病控制能力进行了首次自我评估；

（4）确定了国家和区域根除小反刍兽疫的愿景；

（5）就其他可控制的小反刍动物优先防控疫病达成一致意见；

---

① http://www.maff.go.jp/e/pdf/g7_declaration.pdf.

② http://www.tarim.gov.tr/ABDGM/Belgeler/Uluslararas%C4%B1%20Kurulu%C5%9Flar/2016%20ch%C4%B1na%20G20%20Agriculture%20Ministers%20Meeting%20Communique.pdf.

（6）建立监督该区域小反刍兽疫控制活动实施的治理结构（区域咨询小组）。

2016年4月，小反刍兽疫秘书处在尼泊尔纳卡尔科特组织了一次头脑风暴会议，参会的各国政府讨论了如何制订全球根除小反刍兽疫计划，并商定起草了一个详细的纲要。随后，小反刍兽疫秘书处在若干专家的帮助下制订了全球根除小反刍兽疫计划草案。①

2016年7月11～12日，在罗马举行的同行评审会议上，代表们就该计划初稿进行讨论，并为进一步的修改和完善提供了建议。

第一个五年期计划强调通过降低当前发生疫情国家发病率来逐步根除小反刍兽疫，为此开发了相关技术和政策工具。计划要求加强未发生疫情国家开展防范小反刍兽疫传入的能力建设，以此作为OIE官方认可无小反刍兽疫状态的依据。全球根除小反刍兽疫计划将加强国家兽医机构作为该计划成功实施的关键角色。在适当时，如果有助于实现全球根除小反刍兽疫计划，它还将支持降低其他优先防控的小反刍动物疫病的发病率。

全球根除小反刍兽疫计划包括四大部分：

（1）根除小反刍兽疫的原理；

（2）计划目标和方法；

（3）计划框架；

（4）经费、监控和评估以及交流。

根除计划的框架包括四个综合构成因素：

（1）促进有利环境，加强兽医能力；

（2）诊断和监测系统支持；

（3）支持根除小反刍兽疫的措施；

（4）协调与管理。

这些构成要素可以进一步细分为13个次级构成要素。

全球根除小反刍兽疫计划将有助于联合国《2030年可持续发展议程》目标实现。更为广泛的全球小反刍兽疫控制和根除策略将为应对全球主要挑战和实现多个可持续发展目标带来积极影响。这两个进程都将2030年设定为其完成时间。

---

① S. Bandopadhyay、A. Diallo、A. ElIdrissi、G. Ferrari、T. Kimani、N. Nwankpa、J. Mariner、P. Roeder、D. Sherman和H. Wamwayi。

目　　录

1　根除小反刍兽疫的原理

1.1　小反刍兽疫对小反刍动物的影响

1.1.1　小反刍动物的重要性

根据FAO统计数据库（FAOSTAT）资料，全球小反刍动物的数量目前约21亿只，其中59.7%在亚洲，33.8%在非洲。在撒哈拉以南非洲，大多数小反刍动物生活在干旱和半干旱地区。小反刍动物是许多低收入且食物匮乏家庭的主要牲畜，能适应更加严酷、脆弱的环境，而这些地方的贫困也更为普遍。特别是，与牛和绵羊相比，山羊可以利用更多种类的植被作为食物来源，被高效地饲喂。

小反刍动物生活在多种生产系统中，包括草地畜牧业、混合农业、商业、城市周边和城市系统。在农牧系统中，山羊和绵羊通常形成一个混合群，许多家庭可能完全依靠它们为生。羊群可能被分为不同的群体，以便利用现有的牧场资源和尽量减少疫病发生的风险。儿童和妇女通常在照顾绵羊和山羊方面发挥重要作用。

混合饲养系统的特点是绵羊和山羊的群体规模较小。在不同管理体系中——从在公共土地上自由放牧到单一畜舍饲养，小反刍动物与农作物生产是紧密结合的。通过饲喂小反刍动物农作物残茬可获得增值（饲养成本低），动物粪便反过来又为土壤增加肥力。

在所有生产体系中，小反刍动物都能为土地、劳动力和资产增值：

（1）小反刍动物能生产奶、肉、羊毛、纤维和皮革产品；

（2）小反刍动物支持价值链中涉及贸易商、加工商、批发商和零售商的生计；

（3）活畜、山羊和绵羊肉以及山羊奶交易从地方延伸到全国、区域和国际市场。

小反刍动物价值链相关产品和服务范围如表1-1所示。

表1-1　小反刍动物价值链参与者的产品和服务范围概述

生产者			价值链上下游参与者
生产			服务和社会机构
产品	副产品（服务）	其他好处	好处
● 羊肉	● 粪便和肥料	● 金融——牧群价值	● 生计
● 羊奶	● 燃料和沼气	● 平滑现金流	● 增值活动收入

（续）

生产者		价值链上下游参与者
生产		服务和社会机构
● 羊皮	● 犄角	● 降低风险和多样化
● 纤维和羊毛	● 杂草控制	● 脱贫途径
● 活畜		● 冲击缓冲和弹性
		● 食物安全
		● 提升社会地位

部分产品和服务在家庭层面就被消耗或使用，而其他则作为家庭收入来源用于销售。

在牧区和农牧系统中，活畜及其产品的销售收入占整个家庭收入的60％～80％，可用来购买粮食和其他家庭用品、履行社会和财务义务以及缴纳教育或医疗费用。在大多数文化体系中，妇女负责小反刍动物的饲养及相关收入来源。这有利于性别平等及在家庭中公平分配收入和动物来源食物。山羊奶对儿童、营养不良人群、孕妇和老年人来说非常珍贵。

到2050年，世界人口估计将达到96亿。与2010年的消费水平相比较，预计到2050年主要增长如下：家禽肉类增长170％、奶类产品[①]增长80％～100％、羊肉[②]增长80％～100％、牛肉增长80％～100％及猪肉增长65％～70％。全球范围来说，2000—2030年，估计每年羊肉消耗将增长700多万吨，预期增长最快的为南亚和撒哈拉以南非洲的发展中国家。羊肉和奶产品消费量每年可能会分别增长170万吨和180万吨。仅次于对家禽产品的需求，对小反刍动物肉类和奶类产品需求的快速增长将成为经济增长的一个重要领域。这种增长需求将会为价值链参与者带来新的机遇。

当前，畜牧业养殖价值链的参与者也面临着众多挑战，包括重大动物疫病的流行等，这极大程度地限制了他们对上述机会的把握。在这些疫病中，小反刍兽疫是造成世界很多地方小反刍动物重大损失的主要原因。根除小反刍兽疫可降低小反刍兽疫造成的负担，尤其是贫困家庭家畜饲养者的负担，这是FAO和OIE的一项重大承诺。

① 包括各类牲畜的奶及相关产品，例如牛、水牛和山羊。

② 山羊和绵羊肉合称。

1.1.2 小反刍兽疫、疫病及其影响

小反刍兽疫是野生和家养小反刍动物的高度传染性疫病，于 1942 年在科特迪瓦首次被报道并予以介绍。小反刍兽疫是由副黏病毒科麻疹病毒属病毒引起的。小反刍兽疫在整个非洲（非洲最南部国家除外）、中东、非洲西部和南部地区以及中国暴发。全球约有 54 亿人民生活在小反刍兽疫感染地区。过去 20 年来，小反刍兽疫主要在非洲、亚洲和中东地区广泛传播，全球 80%的小反刍动物以及大部分贫困的牲畜饲养者都生活在这些地区。小反刍兽疫对依靠小反刍动物生活的 3 亿多家庭具有直接影响。

小反刍兽疫对生计、粮食和营养安全、妇女和青年就业都具有影响，它加重了贫困和营养不良。小反刍兽疫导致的牲畜损失迫使牧民和农民不得不离开赖以生存的家园和文化环境，去寻找替代的生存方式。小反刍兽疫会引起社会和经济的不稳定，造成冲突。对根除小反刍兽疫进行投入可以促进食品安全，减轻世界最脆弱的牧区和农村地区的贫困，直接有利于发生疫情国家的数亿牧民和以养殖牲畜为生的小农的生计和稳定性。

小反刍兽疫的患病率和死亡率不等，最高分别可达 100%和 80%～90%，这表明小反刍兽疫对于畜群的危害和代价相当大。小反刍兽疫的患病率和死亡率的直接和间接影响包括：

（1）死亡率和不得已的低价销售，迫使家庭耗尽了小反刍动物资产基础；

（2）母羊感染及流产引起哺乳期奶量减少；

（3）流产及死亡引起牧群结构发生变化；

（4）家庭及参与养殖生产下游增值活动人员的收入损失；

（5）粮食安全存在问题以及食品资源发生变化；

（6）增加家庭贫困和脆弱性；

（7）贫困及市场对家庭用品及服务需求的减少；

（8）收入来源的转变——通常具有负面影响；

（9）私营和公共部门的成本控制。

2014—2015 年印度由于小反刍兽疫造成的损失估计达 120.4 亿卢比，合 1.8 亿美元①（NIVEDI，2015）。肯尼亚、坦桑尼亚和科特迪瓦关于各农业系统（混合农业、牧区和农牧区）小反刍兽疫影响的可用数据表明，在首次遭遇病毒感染后的 7 个月至 2 年时间内，牲畜死亡直接消耗了受感染家庭 28%～68%的动物资产。肯尼亚 2006—2008 年的疫病流行导致 120 万小反刍动物死亡，估计价值达 2 360 万美元，奶产量下降了 210 万升。

① 66.768 卢比＝1 美元（2015 年）。

损耗还来自扑杀或降价销售。在坦桑尼亚，在2006—2008年流行病暴发期间扑杀的动物达64 661头，而科特迪瓦则采取半价出售。

在肯尼亚，小反刍兽疫流行使国民贫困水平上升了10%，导致食品和收入都发生了转变，包括加大了对食品市场的依赖度、饮食中野生食物有所增加、状况较好家庭为购买食物不得不出售山羊和牛，以及贫困家庭出售野生食物和灌木制品。

根除小反刍兽疫的直接好处是避免动物死亡及相关损失。在对全球小反刍兽疫根除的效益成本分析中，基于5%的贴现率和100年时间范围估算，仅避免死亡的总的贴现效益在最可能情况下估计达135亿美元，在死亡率较低的情况下为58亿美元，而在高死亡率情况下达347亿美元（Mariner等，2016）。[①] 小反刍兽疫每年的全球影响估计在14亿～21亿美元。[②]

如果不加以遏制，小反刍兽疫会为人类食品安全和生计带来风险，对生产商而言则更难利用人类对羊肉和奶类需求日益增长的契机。除非我们现在立即采取行动，否则小反刍兽疫将是遭遇气候变化的干旱和半干旱地区生产充足蛋白质的主要障碍之一。

1.2 全球根除小反刍兽疫的理由和可行性

1.2.1 全球根除小反刍兽疫计划的理由

小反刍兽疫在过去20年来快速传播，主要在非洲、亚洲和中东地区，这也是全球约80%小反刍动物（共计210亿头）的生活之地。根除小反刍兽疫已经被确定为决策者在降低食物价值链和动物移动对涉及人群及所供应消费者风险时的首要考虑事项。

需要予以解决小反刍兽疫的传播问题，并要避免牲畜的进一步损失，以便实现下列目的：

（1）充分利用小反刍动物，减少农村贫困；

（2）提高食物和营养安全和可持续性；

（3）促进农村人口的健康和幸福；

（4）确保女孩的受教育机会——通过出售小反刍动物来支付学费；

---

① Jones，B. A.，Rich，K. M.，Mariner，J. C.，Anderson，J.，Jeggo，M.，Thevasagayam，S.，et al.，2016. *The economic impact of eradicating peste des petits ruminants：A benefit-cost analysis*. PLOS ONE 11（2）：e0149982. doi：10.1371/journal.pone.0149982（available at http：//dx.doi.org/10.1371/journal.pone.0149982）. Accessed 7 October 2016.

② 全球小反刍兽疫控制和根除策略，2015。

（5）确保妇女和青年的可持续生产就业——妇女和青年通常负责饲养小反刍动物；

（6）提高小农的适应能力、生产力和可持续性；

（7）通过减少疫病造成的损失和降低疫病的控制成本，确保亚洲和非洲的生产者能够充分利用羊肉消费需求增长带来的机遇；

（8）减少由于国家内部和国家之间不均衡的疫病负担而造成的小农户之间的不平等；

（9）确保小反刍动物消费和生产模式可持续性，尤其是在干旱和半干旱地区，因为这些动物更能适应较为艰苦、脆弱且普遍贫困的环境。

全球根除小反刍兽疫计划旨在与合作伙伴加强协作、共同实施，恢复并进一步巩固全球根除牛瘟计划（GREP）期间建立的合作伙伴关系。

小反刍兽疫根除、食物安全、扶贫和加强适应性之间密切联系。以上都是建立和平社会的基石。参见插文 1。

插文 1　小反刍兽疫根除和可持续发展目标

联合国《2030 年可持续发展议程》包括涉及农业和食品的相互关联目标，以根除贫困为主要目的，以整合经济、社会和环境可持续发展为核心。联合国《2030 年可持续发展议程》的 17 个可持续发展目标（SDG）和 169 个全球目标列出了推进可持续性发展的领域。

从 2030 年全球根除小反刍兽疫角度看《2030 年可持续发展议程》，全球小反刍兽疫控制和根除策略由 FAO 和 OIE 编写，并于 2015 年阿比让国际大会上陈述，提供了许多食品方面的思考。由于山羊和绵羊对非洲、中东和亚洲地区的贫困地区和边远地区农民的生计来说相当重要，小反刍兽疫被看作对这些地区的食品安全、营养和扶贫的巨大威胁。全球根除小反刍兽疫有助于实现至少两个可持续性发展目标：

可持续发展目标 1：终结全球各种形式的贫困；

可持续发展目标 2：终结饥饿、实现食品安全和加强营养以及促进农业可持续发展。

小反刍兽疫在过去 15 年来以惊人的速度传播，已经扩散到许多历史无小反刍兽疫的地区，并使成千上百万小反刍动物处于危险之中。如果不加以遏制，小反刍兽疫将会传播得更快，引起更加惨重的社会经济损失，给成千上百万依靠山羊和绵羊维持生计的小农和牧民的收入及食品安全带来严重损害，有可能使贫困和最脆弱人群陷入更深的贫困之中。这表明急需协调全球各界来努力防治小反刍兽疫，加强贫困社区的应变能力，保护其生计和牲畜资产不受这一毁灭性疫病的影响。

根除小反刍兽疫的快速进展也是直接或间接促进其他可持续发展目标实现的关键：

可持续发展目标3：确保健康生活，促进各年龄阶段的幸福；

可持续发展目标5：实现性别平等，赋予所有妇女权利；

可持续发展目标8：促进持久的、包容的以及可持续的经济增长，充分和有生产力的就业以及人人有份得体的工作；

可持续发展目标12：确保可持续消费和生产模式；

可持续发展目标17：加强实施方式，恢复全球可持续发展合作伙伴关系。

全球小反刍兽疫控制和根除策略及其实施的第一个五年期全球根除小反刍兽疫计划，将加速实现《2030年可持续发展议程》列出的目标和目的，尤其是发生疫情和处于危险中的国家。除非小反刍兽疫在全球、区域和国家层面得到有效控制，否则，社会经济损失和影响将继续阻碍降低食品不安全性和营养不良、扶贫和实现可持续性发展的努力。

1.2.2 根除疫病的可行性

关于支持全球根除小反刍兽疫计划有四大论点：

（1）可以利用有效的防治工具（措施）；

（2）15年期完成根除计划的科学和技术可行性；

（3）效益成本比例估计达到33.8；①

（4）国际达成共识支持根除小反刍兽疫。

支持根除小反刍兽疫病毒（PPRV）的有利条件：病毒感染期较短，没有带毒状态，主要通过直接接触传播（非媒介传播），病毒存活时间短。尽管该病毒可感染多个野生动物物种，但是目前还没有证据表明小反刍兽疫病毒贮藏在野生动物种群中，这需要进一步调查。对于防治，有一种非常安全且效果很好的减毒活疫苗，免疫一次后，即可对所有小反刍兽疫病毒株具有长期免疫力。在设计和实施全球计划过程中，可借鉴FAO和OIE 2011年针对根除全球牛瘟的官方宣言。此外，OIE在《陆生动物卫生法典》和《陆生动物诊断试验和疫苗手册》有小反刍兽疫相关国际标准。

① Mariner等，2016。

疫苗生产商目前正在应用新技术商业化生产耐热型小反刍兽疫疫苗。小反刍兽疫疫苗其他方向的研究也在继续，包括区分感染动物与疫苗免疫动物（DIVA）的疫苗研究、这些疫苗的部署模式、病毒学研究（同一物种内、物种与物种之间以及野生动物群体内宿主对感染和疫病的易感性特征）以及不同环境中流行病学研究，以改善根除策略的预测模型。由于小反刍兽疫病毒属于麻疹病毒属，麻疹病毒属还包括人麻疹病毒、牛瘟病毒和犬瘟热病毒，小反刍兽疫研究可以从这些疫病发作的已知原因中获得借鉴，并为未来的相关病毒研究提供参考。

1.3 根除牛瘟以及以往小反刍兽疫防控工作取得的经验教训

1.3.1 全球根除牛瘟计划的经验教训

全球根除牛瘟计划的实施使得自 2011 年以后在家养和野生动物中不再有牛瘟病毒存在。这一显著成效表明可以在全球范围内根除某一动物疫病——这是全球范围首次根除的一种动物疫病。这一成功在很大程度上鼓舞了公众，消灭牛瘟病毒的科学家们热衷证明从牛瘟根除计划中获得的经验，可以指导其他疫病消灭活动。

根除疫病不只是控制疫情。必须清楚地认识到，比如某些畜牧业和贸易实践的组合方式，某些社会组织或远离兽医机构，会导致感染源稳定存在，很难通过诸如大规模疫苗免疫运动等标准的疫病控制活动来消除病毒。开展流行病学研究也十分必要，要重点了解维持病毒传播的链条以及如何去阻断它。

确定感染源并使用集中、有针对性的疫苗免疫，在出现疫病和有需求地区根除病毒是全球根除牛瘟计划的关注重点。首先是要加强监测。对于无疫病区，首要事项是确认没有感染存在。这需要停止所有的疫苗免疫活动，这样血清学数据结合参与式疫病调查和其他疫病监测技术就能明确疫病的状态。

全球根除牛瘟计划的主要经验告诉我们，为进一步了解疫病，开展流行病学研究对于根除计划的实施至关重要。虽然疫苗免疫是小反刍兽疫控制的关键工具，但是经验表明需要落实关于其使用的注意事项来集中行动。还需要了解“流行病学研究”是一个积极过程，并不仅限于通过血清学调查寻找疫病，这一点也很重要。

开展流行病学研究可以帮助提高疫病防控意识，加强被动监测。疫病监测对于改善我们对流行病学研究的了解至关重要。疫病监测会有很多形式，但是为了根除疫病，获得最翔实信息的办法是将综合性监测和参与式疫病监测结合起来。

在全球根除牛瘟计划框架下，涉及基层畜牧业主的创新型投递机制帮助我们有效应对偏远（通常为边远）地区开展疫病监测和进行疫苗免疫服务的挑战。要实现根除小反刍兽疫的目标同样需要找到创新的解决方案。

为解决上述问题，需要为兽医和辅助人员提供严格的培训和再培训，以创建必要的兽医专业团队。对畜主进行防控意识宣传教育也必须同步进行。在相互尊重的基础上，加强兽医机构和家畜业主之间沟通渠道的建设。

牛瘟根除计划成功实施的关键条件之一在于使用了高效的疫苗，保护动物不受所有牛瘟病毒株的感染。

根除牛瘟的经验以及近期对高致病性禽流感（HPAI）控制的尝试已经表明，在高风险区域，协调防控的主要成果就是大大提高了兽医机构的能力及相关协作机制的安排。这也帮助改善了对其他疫病的控制。在评估全球根除活动的成本效益时，不应该忽略此类外部条件。

1.3.2 目前小反刍兽疫防控成果

所有发生疫情国家几乎都在通过政府或捐赠者资助来加强疫病监测、实验室诊断、疫苗生产和疫苗免疫活动的能力。发生疫情或很有可能发生小反刍兽疫的几个国家，目前正在采取的活动包括增强农民和兽医人员意识和开展疫病认知培训、进行现场样本采集和实验室分析以及加强对牲畜和动物产品合法和非法运动的了解。

因为缺乏资金和相应的战略，这些活动的范围较为有限。小反刍兽疫以及其他疫病的预防和控制目前基于疫苗免疫活动。疫苗免疫活动的开展主要是为了应对疫病的暴发，并且主要集中在疫病暴发区域（例如包围免疫）。摩洛哥和索马里等少数国家已经大规模实施疫苗免疫，同时结合了监测或其他的一些控制措施。这些活动已经表明可以快速有效地降低，甚至接近根除小反刍兽疫发病率，为疫病根除的一致行动建立了信心。

监测和汇报数据的不完整使得我们对小反刍兽疫历史状况难以充分了解。过去，各国虽然通报小反刍兽疫疫情，但是不清楚是否所有历史上未发生疫情国家的报告就能代表近期的疫病情况。如果一个国家在小反刍兽疫确认第一年报告了多个而非一个小反刍兽疫病毒谱系，那意味着病毒的入侵可能不是在同一时间段发生的，有些入侵可能是在疫情确认前一段时间就已发生。这种情形表明有时候可能没有注意到疫病从感染国家的入侵，说明如果国家之间有大量、重复且大多为不可控的动物移动在发生，那么国家的无小反刍兽疫疫情（控制措施实施之前或之后）地位可能非常脆弱。这强调了需要高度警惕、协调开展监测和进行区域控制的重要意义，在可能感染和已经感染国家早期监测到疫情暴发后，应进行快速响应，进行集中监测，并结合疫苗免疫和其他疫病管理措施。

1.4 兽医机构

OIE对国家兽医机构的广义定义包括官方兽医机构和私营兽医机构。各国如要有效控制和根除小反刍兽疫，就需要国家兽医机构功能齐全、资源丰富。这是因为控制和根除措施的关键构成包括了风险分析、疫病监测、疫病调查、实验室诊断、疫苗质量保证、有效的疫苗免疫活动和免疫后评估等，这些是国家兽医机构的主要负责内容。为了成功完成这些任务，国家兽医机构需要有经过相关培训且合格的兽医和兽医辅助人员、运输工具、进行疫病监测和调查的燃料和设备、能进行可信的诊断检测并制造高质量疫苗或评估商业化生产的功能齐全的实验室、能维持冷链便于实地进行有效疫苗管理的配套基础设施、充足的人力资源和功能齐全的交流和数据管理体系。还需要强有力的法律框架来授权开展必要的疫病控制干预措施，建立沟通渠道让利益相关方有效参与了解并支持小反刍兽疫控制和根除工作。

从一开始，开展小反刍兽疫根除工作的国家、区域和国际领导者以及要求予以支持的捐赠者要清楚了解有效实施全球根除小反刍兽疫计划所需的要素，并要了解国家层面的能力现状和限制因素。

最终，当各国向OIE申请无小反刍兽疫状况的官方认可时，他们必须向OIE提交一份档案材料，记录其兽医机构能力，能确保没有疫病发生并有相应的监测措施可以有效监测任何可能的疫病复发。评估国家兽医机构的标准化方法可以进行调整优化（或不做改动），以便有效监督根除小反刍兽疫的进程，有助于发现哪些方面需要资源投入以弥补不足。证明在实验室能力、疫苗质量保证和流行病学能力（开展意义重大的疫病监测和调查）等关键领域取得进展是确保疫病在该领域真正被根除的关键。

OIE兽医机构效能评估方法为评估国家兽医机构能力提供了大量有用的标准化工具和活动。最著名的是兽医机构效能评估工具。有了这个工具，专家团队可对国家兽医机构在执行现场任务期间的47个关键能力（CC）进行评估，并为每个能力进行评级（1～5）。

在FAO和OIE小反刍兽疫工作组制定全球小反刍兽疫控制和根除策略过程中，发现利用兽医机构效能评估工具进行特定关键能力评估非常适用。例如确定了12个关键能力可用于确保进行第一阶段（评估阶段）所需的流行病学评估能力。另外15个关键能力可以确保兽医机构开展第二阶段（控制阶段）必需的活动。还有2个关键能力与第三阶段（根除）活动相关，4个关键能力与根除后阶段相关。总而言之，兽医机构效能评估包含的47个关键能力中的33个关键能力被确定为监测国家兽医机构逐步发展的有用工具，有助于实现最终根除小反刍兽疫的目标。

作为例证，下面列举全球根除小反刍兽疫计划第二阶段（控制阶段）相关的15个关键能力。

插文2　OIE与全球根除小反刍兽疫计划第二阶段（控制阶段）相关的15个关键能力

（1）兽医机构的专业和技术人员——兽医和其他专业人士（CC Ⅰ.1.A）

（2）兽医机构的专业和技术人员——兽医辅助性专业人员和其他技术人员（CC Ⅰ.1.B）

（3）兽医辅助性专业人员的能力（CC Ⅰ.2.B）

（4）兽医机构协调能力——内部协调能力（行政管理系统）（CC Ⅰ.6.A）

（5）兽医机构协调能力——外部协调能力（CC Ⅰ.6.B）

（6）物力资源（CC Ⅰ.7）

（7）运营资金（CC Ⅰ.8）

（8）资源和经营管理（CC Ⅰ.11）

（9）流行病学监测和早期检测——被动流行病学监测（CC Ⅱ.5.A）

（10）疫病预防、控制和根除（CC Ⅱ.7）

（11）屠宰场和相关场所的宰前和宰后检查（CC Ⅱ.8.B）

（12）交流（CC Ⅲ.1）

（13）生产者和其他相关方参与联合项目（CC Ⅲ.6）

（14）法律法规的实施和遵循（CC Ⅳ.2）

（15）区划（CC Ⅳ.7）

由于兽医机构能力建设是一个动态过程，通常要依赖部长级会议预算和捐赠者集资的可用性，最初的兽医机构效能评估可能会不合时宜。OIE建议五年前已开展兽医机构效能评估的国家，继续开展兽医机构效能后续评估。

兽医机构效能评估和兽医机构效能后续评估是各国在推进全球根除小反刍兽疫过程中，针对各个阶段实施国家兽医机构能力评估的指导框架，有助于各国完成向OIE申请无小反刍兽疫官方认可。

2 计划的目标和方法

2.1 计划的目标

全球战略的首要目标是到2030年根除小反刍兽疫。对于有疫情发生的国家，就是要求逐步降低发病率和减缓疫病传播，直至最后根除。对于未发生疫情的国家，需要确认无疫病状况并维持OIE无小反刍兽疫官方认可。

为促进根除小反刍兽疫，需要加强兽医机构效能，同时也有助于控制利益相关方关注的其他小反刍动物疫病。

插文3　全球根除小反刍兽疫计划的目的

全球根除小反刍兽疫计划的目的是加强小反刍动物对全球食物安全和营养、人类健康和经济增长的贡献，尤其是不发达国家的消除贫困、提高应对能力和创造收入以及改善小农的生计和大众的福祉。

五年期全球根除小反刍兽疫计划的具体目标：

(1) 对于发生疫情的国家以及不知道小反刍兽疫状态（处于危险中）的国家，通过以下方式为根除小反刍兽疫奠定基础并启动根除计划：

①能力建设；

②了解国家、区域和全球流行病状态；

③在国家层面确定相应的实施策略以降低小反刍兽疫发病率，然后根除小反刍兽疫。

(2) 对于未发生疫情的国家，要加强能力建设以证明没有小反刍兽疫病毒，逐步发展为OIE官方认可的无小反刍兽疫国家，并维持这一状态。

五年期全球根除小反刍兽疫计划也在以下方面支持各国：

(1) 通过提升相关OIE兽医机构效能评估关键能力的符合性以及成功实施全球根除小反刍兽疫计划来提升全国兽医机构效能；

(2) 更好地控制其他重点小反刍动物疫病。

截至2016年9月，208个国家中：

(1) 53个国家获得OIE无小反刍兽疫官方认可；

(2) 79个国家从未报道过小反刍兽疫，并将成为无小反刍兽疫国家；

(3) 62个国家报道有小反刍兽疫疫情发生；

(4) 14个国家对疫情状况不清楚，怀疑有感染或处于危险之中。

最后两组（共计76个国家）将成为全球根除计划的重点关注对象。

2.2 计划的方法

首要的全球小反刍兽疫控制和根除策略基于四个阶段，确定了五年期的全球根除小反刍兽疫计划如何在该框架内运行。这四个阶段结合了不断降低的疫病流行病学风险与日益提升的防控水平。第一阶段是评估流行病学状态，第二阶段实施包括疫苗免疫在内的控制活动，第三阶段根除小反刍兽疫，第四阶段暂停疫苗免疫，相应国家必须提供证据表明该地区或国家没有病毒发生传播，并准备申请 OIE 无小反刍兽疫官方认可（图 2-1）。

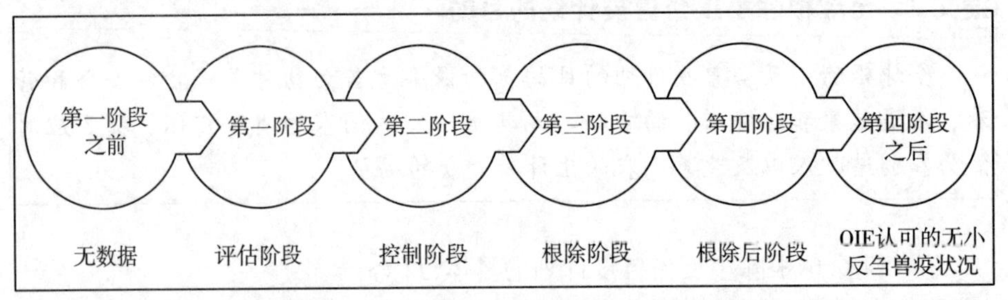

图 2-1　逐步控制和根除小反刍兽疫——全球小反刍兽疫控制和根除策略的四个阶段

该方法包括多个阶段和多个国家，涉及评估、控制、根除和保持无小反刍兽疫区。实施工作需要将已协调的应急预案提供给各地，加强能力建设，提高利益相关方的意识和参与度以及建立相应的法律框架。

不管一个国家一开始处于哪个阶段，都应该具备与五个关键成分相关的足够能力以便该国信心百倍地迈向控制和根除的阶段。这五个技术成分包括小反刍兽疫诊断体系，小反刍兽疫监测体系，小反刍兽疫预防和控制体系，小反刍兽疫预防和控制体系法律框架，利益相关方参与小反刍兽疫预防和控制。

在 2015—2016 年区域路线图会议期间，小反刍兽疫秘书处向各国介绍了全球小反刍兽疫控制和根除策略的活动工具——小反刍兽疫监控与评估工具（PMAT）。该工具可帮助各国通过自我评估确定处于哪个阶段。已经开始小反刍兽疫防控工作的国家也可以使用小反刍兽疫监控与评估工具，应用流行病学和活动证据提供指导。该工具可衡量各个阶段的活动及其影响。

小反刍兽疫秘书处将与区域经济共同体和组织协作，继续每年举办评估小反刍兽疫根除进展的区域协调会议。根据国家需求和区域路线图会议成果，将其他小反刍动物疫病相关的活动纳入全球根除小反刍兽疫计划，鼓励加强根除小反刍兽疫的活动。

牧民、小农（包括通常饲养小反刍动物的妇女和年轻人）、交易者和兽医机构都是全球根除小反刍兽疫计划的受益者，该计划可以降低牲畜的死亡率和患病率。其他受益者包括小反刍动物价值链相关的客户、生产商、加工商、分销商和零售商。

全球根除小反刍兽疫计划寻求通过以下近期或现有支持牲畜部门的计划和项目积累经验，并建立协作和资源互补关系：

（1）非洲西部《萨赫勒地区畜牧业支持项目》（PRAPS）；

（2）《区域牧民生计恢复项目》（RPLRP）；

（3）非洲西部《西部非洲控制非洲小反刍兽疫的疫苗标准和试点方法（VSPA）》；

（4）非洲东部《非洲之角支持恢复》（SHARE）；

（5）印度《小反刍兽疫控制计划》；

（6）巴基斯坦《逐步控制小反刍兽疫》；

（7）阿富汗《口蹄疫（FMD）和小反刍兽疫逐步控制框架》；

（8）FAO技术合作项目（TCP）及全球、区域和国家层面的捐助者资助项目。

2.3 国家自我评估和流行病学区划方法

全球小反刍兽疫控制和根除策略确定了需要国家、区域和全球层面同时控制和根除疫病。由于小反刍兽疫的跨境特性，区域统一协调对于有效根除尤其重要。

全球小反刍兽疫控制和根除策略确定了9个干预地区。

截至2016年6月，在非洲东部、中部和西部，中东、亚洲南部和西欧已经召开了六次区域路线图会议。这些初步路线图会议的关键目标是为该地区的各个国家提供机遇，使用小反刍兽疫监控与评估工具自我评估其当前小反刍兽疫状态。

在进行自我评估的59个国家中：

（1）2个国家将自己确定为0阶段，目前尚未进行系统的小反刍兽疫状态评估；

（2）40个国家将自己确定为第一阶段，依然处于准确确定其国家小反刍兽疫流行病状态过程中；

（3）15个国家将自己确定为第二阶段（控制阶段），正在积极开展疫苗免疫控制活动，其小反刍兽疫流行病状态十分清楚；

（4）1个国家将自己确定为第三阶段（根除阶段），这一阶段疫病应该得到控制，该国正在开展积极监测以检测疫病的发生；

（5）还有1个国家报道采用了分区方法，该国一部分地区处于第三阶段，另一部分处于第二阶段。

值得注意的是，许多国家虽然还有小反刍兽疫疫苗免疫活动报道，也认为自己处于评估阶段，但有些国家已经采取疫苗免疫10多年还没有根除小反刍兽疫，这表明进行详细的流行病学评估相当重要，是有效进行疫苗免疫活动的基础。根据全球根除小反刍兽疫计划，一旦国家具有能力来实施和完成全面的流行病学评估以及建立相应的监测体系，可以预测，在实施2～4年的有针对性疫苗免疫活动后就可以控制小反刍兽疫，并逐步实现根除。

确定9个地区对促进邻国之间的有效沟通和协作具有明显效益。与各地区的区域经济共同体对接，则会为推进全球根除小反刍兽疫计划的地区提供行政管理和后勤支持的机会。尽管从流行病学的角度，实际情况下的疫病传播行为并不总是符合国家的区域边界。考虑到地理和气候因素、农牧运动模式、交易路线、跨国共同体的分布等其他因素，疫病的传播可能会穿越这些行政定义区域的界限。因此需要引入和介绍流行病学区划的概念。

流行病学区划将具有类似流行病学特征的区域（地区）划为一个片区，要求跨越区域边界一起控制和根除疫病。这意味着开展信息交流以及未来重建（评估）全球根除小反刍兽疫计划的可能性。流行病学区划方法具有跨境控制和根除疫病的灵活性，例如，当两个邻国属于不同的地区，但是具有相同的流行病学特征时，需要协调统一疫病的控制和根除工作。尽管考虑到流行病学区划，但据了解，没有什么可以阻止国家参与其行政区域的区域路线图会议。通过全球根除小反刍兽疫计划，以及与小反刍兽疫全球研究和专业知识网络（GREN）和区域小反刍兽疫流行病学网络的协作，将确定主要疫病流行区并进行更为详尽科学的定义。

3 计划的框架

3.1 构成要素和活动

本章按照构成要素和实施范围（国家、区域和全球）讨论下一个五年期的活动。计划包括下列构成要素和次级构成要素：

构成要素 1：	**促进有利环境，加强兽医能力建设**
	次级构成要素 1.1：小反刍兽疫战略和技术规划
	次级构成要素 1.2：利益相关方的意识和参与度
	次级构成要素 1.3：法律框架
	次级构成要素 1.4：加强兽医机构效能
构成要素 2：	**诊断和监测系统支持**
	次级构成要素 2.1：流行病学评估
	次级构成要素 2.2：加强监测系统和实验室能力建设
	次级构成要素 2.3：区域流行病学及实验室网络
构成要素 3：	**支持根除小反刍兽疫的措施**
	次级构成要素 3.1：免疫疫苗和其他小反刍兽疫防治措施
	次级构成要素 3.2：展示没有小反刍兽疫的状态
	次级构成要素 3.3：支持在根除小反刍兽疫过程中防控其他小反刍动物疫病
构成要素 4：	**协调与管理**
	次级构成要素 4.1：全球层面
	次级构成要素 4.2：区域层面
	次级构成要素 4.3：国家层面

构成要素 1：促进有利环境，加强兽医能力建设

从一开始，该渐进方式和每一个步骤，都将尽可能地创造有利环境来启动并实施根除活动。小反刍动物畜主和农民都属于一线人员以及对抗疫病的主要参与者。他们是流行病学评估和监测体系的第一个环节。没有他们的大力支持和参与，不可能开展疫苗免疫。他们也是根除小反刍兽疫的第一批受益者。为

此，提高他们的疫病意识并确保他们的现场参与至关重要。

创建全球根除小反刍兽疫计划实施的有利环境还需要有逻辑和结构框架。《国家战略计划》（NSP）及其附件和技术计划为此做了详细介绍。它将要解决两个重要问题：调整法律框架以促进疫病根除以及加强兽医机构效能（OIE定义的兽医机构包括公共和私营利益相关方）。

所有这些要素一起构成了构成要素 1，详细介绍如下：

次级构成要素 1.1：小反刍兽疫战略和技术规划

期望采用循序渐进方式控制和根除小反刍兽疫的国家应制订《国家战略计划》。《国家战略计划》将表明接下来五年要承担的目标和活动以及相关的成本，还要阐明国家实现根除小反刍兽疫的长远目标，即到 2030 年在全球范围内根除小反刍兽疫。

根据全球小反刍兽疫控制和根除策略，《国家战略计划》需要有下列附件中技术计划的倡议文档：《国家评估计划》（针对进入第一阶段的国家）；《国家控制计划》（针对进入第二阶段的国家）；《国家根除计划》（针对进入第三阶段的国家）。

每个技术计划都要根据各自国家所处的阶段按顺序完成。作为根除疫病的最后一步，希望各国完成申请 OIE 无小反刍兽疫状况官方认可所需文档。

全球根除小反刍兽疫计划将支持各国制订其《国家战略计划》以及在每个阶段实施全球小反刍兽疫控制和根除策略的技术计划。这一过程也要与构成要素 2 中介绍的流行病学评估完全结合。定期评估这些文件，确保各文件考虑了该国和地区根除小反刍兽疫进程中不断变化的需求，并使其符合目的。不同利益相关方参与制订和评估《国家战略计划》是关键——加强所有权、购买和持续支持该项战略。

同样地，各区域经济共同体也将得到全球根除小反刍兽疫计划的支持，利用秘书处提供的模板制定其区域战略（或战略计划）。该区域战略针对全球小反刍兽疫控制和根除策略做了适当调整，使 9 个区域经济共同体能够主导开展区域相关活动。

主要交付成果

（1）国家战略规划和技术计划：《国家评估计划》《国家控制计划》《国家根除计划》。

（2）9 个区域各自制订区域战略计划。

主要活动

支持各国制订自己的《国家战略计划》以及相关的区域和次区域小反刍兽

疫根除策略，通过与广泛的利益相关方进行磋商以及参与全过程，对接全球小反刍兽疫控制和根除策略。对于每个阶段，支持各国制订其技术评估、控制和根除计划。在非洲，小反刍兽疫秘书处将与非洲联盟-非洲动物资源局和区域经济共同体密切协作，支持开发和评估国家战略，帮助推动全民参与和实施。在中东地区，小反刍兽疫秘书处与海湾合作委员会建立了类似的协作，而在亚洲则与东南亚国家联盟、经济合作组织以及南亚区域合作联盟建立了协作。将制定模板和指导原则，进行同行审议并为各国提供帮助以制订《国家战略计划》。

制订小反刍兽疫《国家战略计划》和附加计划需要专业技术知识。如果没有国家层面的政治意愿和财政支持，则计划不可能实施。政治认可和支持是成功实施计划的重要基础。行业部委和利益相关方将共同计划并向国家的关键决策者倡议，以便获得他们的承诺和支持，促使根除小反刍兽疫活动的开展。

也要支持根据全球小反刍兽疫控制和根除策略及全球根除小反刍兽疫计划制订（或调整）区域战略和计划。在非洲，非洲联盟-非洲动物资源局小反刍兽疫控制和根除策略已经与全球小反刍兽疫控制和根除策略保持一致。在 9 个区域中，6 个区域已经制订了各自的战略计划。全球根除小反刍兽疫计划将支持东南亚国家联盟制订其计划，政府间发展管理局（IGAD）和南部非洲发展共同体（SADC）制订和全球小反刍兽疫计划一致的计划。

全球根除小反刍兽疫计划将提供有关如何使用小反刍兽疫监控与评估工具的培训，因此各国可以在其《国家战略计划》背景下开展完整评估。OIE 区域和次级区域办公室员工以及 FAO 区域、次级区域、全球办公室员工将为技术培训提供支持。

次级构成要素 1.2：利益相关方的意识和参与度

利益相关方和参与者如果对小反刍动物价值链面临的各种发展挑战有充分认识，那这对于有效参与解决问题就具有重要意义。当前，许多区域小反刍动物生产系统广泛以及有多个小农参与的特点限制了利益相关方对信息的获取 。在国家层面，小反刍兽疫价值链参与者具有多样性，包括（根据当前体系）：①牲畜饲养者（男性和女性牧民、农牧民和小农）；②供应商；③政府政策制定者和动物健康机构；④私营部门动物健康服务提供商；⑤生产商和协会；⑥贸易商（一级和二级贸易商、进口商和出口商）及其协会；⑦运输商；⑧屠宰场运营商；⑨屠宰者；⑩肉类零售商和批发商。

其他利益相关方包括区域和国际组织。让其全部加入小反刍兽疫根除活动非常重要。参与的性质和范围应该考虑利益相关方各自的角色。一方面，生产商会对下列话题感兴趣：早期发现小反刍兽疫以及其他疫病的知识、可用的控制措施、获取这些措施的方式、时间和地点以及联系人、涉及的成本和疫病得到控制的好处以及期望他们在小反刍兽疫根除活动中扮演的角色 。另一方面，贸易商则会关注小反刍兽疫对贸易的影响、如何确认疫病以及他们期望的最小化业务损失的措施。

因为很难让所有生产商和贸易商在个人层面参与，协会是他们参与的最佳途径。对于牧民或农牧民，可使用现有的传统领导和社区结构来分享信息，而不是建立新结构。当前，国家层面存在各种牲畜饲养者协会。他们没有完全参与疫病控制计划的策划和实施，因为在疫苗免疫过程中一般是倾向于针对单个农场。这一做法效果不是很好，尤其当计划实施涉及多个活动时。

因为在根除牛瘟活动中，非政府组织在支持诸如监测和疫苗免疫等关键活动中扮演了重要角色。如果需要，应在兽医监督下推动开展社区动物卫生工作者（CAHW）的相应培训。

面临冲突或其他重大问题（可能阻止该国实施五年期全球根除小反刍兽疫计划的所有细则）的国家，需要制订具体的计划以确保他们能够在各种限制下逐步根除小反刍兽疫。这些国家将通过社区组织、社区动物卫生工作者、非政府组织等重点加强和支持所有动物健康服务能力建设，以提供检测和疫病控制，这是实现无小反刍兽疫病毒感染的核心活动。从性别角度看，全球根除小反刍兽疫计划应该认识到并解决妇女从国家到基层层面获得技术的制约和机遇。

很多地区已经建立了区域牲畜协会。例如，东北非畜牧理事会（NEALCO）于2015年成立，吸纳的成员有政府间发展管理局、东南非共同市场（COMESA）和东非共同体（EAC）。

主要交付成果

（1）各级可用的交流战略。

（2）各国可用的交流材料。

（3）涉及所有参与者的意识提高（宣传）活动。

（4）参与小反刍兽疫讨论和计划的小反刍动物生产商和贸易商协会。

（5）动物卫生工作者与牲畜饲养者、社区领导和协会进行信息分享的技能。

主要活动

在国家层面，应该绘制利益相关方组织和活动的地图。制定并广泛传播倡议、交流战略（包括广播和电视节目）以及材料。该计划将支持在牲畜饲养者中提高发现并确认小反刍兽疫的能力以及需第一时间报告的意识。

促进公共兽医机构和非政府组织、私营部门和民间社会组织之间的积极合作。

计划鼓励并促进使用信息与通信技术（ICT）、社交媒体、广播和电视节目将根除计划传播至相关利益相关方。

在区域层面，计划将促进小反刍动物价值链涉及各组织的定期会议，与相关区域非政府组织和私营部门的实体发展合作关系。计划将加强跨境动物移动相关的了解，并促进邻国疫苗免疫活动的协调。农民组织将被邀请参加区域协调会议。

定期召开的研讨会和培训讲习班将提升与国家和区域层面农民组织的联系。

在全球层面，将为国际小反刍动物组织（论坛），例如世界农民组织和国际山羊协会，绘制地图，并通过合作参与计划的实施。

次级构成要素 1.3：法律框架

适当的法律框架是国家和地方兽医机构工作的基础，尤其是提供实施小反刍兽疫根除活动权力和能力的基础。法律框架也包括利益相关方参与的有利环境。对于根除的每个阶段，实施国家立法框架则能授权并保证需要的活动及时实施。

一些国家需要审核和更新现有立法，确保其法律框架支持小反刍兽疫《国家战略计划》的实施。小反刍兽疫全球秘书处与区域和次级区域合作伙伴一起为各国提供技术支持以及建议，适时更新其法律框架，为根除小反刍兽疫提供相应的措施。

根据 OIE 兽医立法支持计划（VLSP），鼓励还没有申请兽医立法认证任务的国家申请认证。这将帮助各国实现兽医立法的现代化进程，为该国对预防、控制和根除小反刍兽疫的承诺提供法律支持。必要时，相关国家当局将聘请法律专家指导国家多学科工作组修订立法。这将包括在全球小反刍兽疫控制和根除策略启动前就已经进行了 OIE 兽医立法认证的国家，它们调整立法以支持该战略的实施。OIE 兽医立法支持计划第二阶段（协议阶段）为兽医立法认证过程需要的立法起草需求提供技术-法律支持。

鼓励主管畜牧业的国家部委游说相关国家机构，加速制定立法或通过修订完善立法，以支持实施预防、控制和根除小反刍兽疫的计划。

一个国家的法律框架也需要在各个阶段之间进行更新，以确保其支持小反刍兽疫的有效预防和控制。

主要交付成果

（1）法律框架发展的时间安排。

（2）兽医当局应有高效实施疫病控制计划的有效指挥链和所有必要的权利，例如进入农舍、采取样本、检查记录、进行检疫、限制移动以及捕捉动物。

（3）在国家立法中，小反刍兽疫是家畜和野生动物群的一个法定传染病。

（4）如果可能，建立小反刍动物认证体系，提高可追溯性和移动控制。

（5）国家立法包括活畜进口保护性措施，以缓解风险的引入。

（6）根除小反刍兽疫国际法律框架应该在各区域协调一致，这在动物健康领域更普遍。

（7）区域经济共同体政策针对具体事宜，例如小反刍动物的跨境移动（季节性转移放牧和贸易）、认证或补偿计划。

主要活动

评估以小反刍兽疫为重点的国家动物健康法律框架，确保授权公共兽医机构采取必要行动。建议各国申请 OIE 兽医立法支持计划的兽医立法认证。完善法律框架以支持防范和缓解风险（包括从国外引入小反刍兽疫的风险），以及相应补偿机制。

在国家层面，在 OIE 兽医立法支持计划、FAO 法律发展服务处和其他相关区域组织的支持下，为国家公务员和一些关键参与者组织培训会议，加强其法律框架相关的知识和实践。

计划将支持目标国家的 OIE 兽医立法认证。

在区域层面，各国之间法律框架的逐步协调以及兽医机构能力对于建设通用的法律框架来说相当重要。非洲联盟-非洲动物资源局和 OIE 携手 FAO，通过欧盟资助的“加强非洲兽医治理”计划，已经为非洲区域经济共同体开办了五次关于区域兽医立法协调统一的研讨会。

通过与区域经济共同体协作，该计划将促进区域召开研讨会来协调统一兽医战略，包括立法、推广动物健康政策和战略等的信息交流。农民组织将被邀请参与这一过程。

次级构成要素 1.4：加强兽医机构

加强兽医机构是全球小反刍兽疫控制和根除策略三大主要构成要素之一。OIE 当前的兽医机构效能评估途径能够审核国家兽医机构的能力。到 2015 年初，130 多个 OIE 成员申请了兽医机构效能评估，使用 OIE 兽医机构效能评估工具评估各自的兽医机构。根除计划针对的 76 个国家中（报道有小反刍兽疫暴发或不清楚疫情状态的国家），有 90%的国家申请了兽医机构效能评估。各国已经熟悉并接纳了兽医机构效能评估过程，许多国家正在根据兽医机构效能评估和建议努力改善其兽医机构。这表明兽医机构效能评估很有成效，可以作为参考框架，贯穿全球根除小反刍兽疫计划实施过程，确保各个国家获得技术和资源能力，使其信心百倍地实现全球根除小反刍兽疫的目标。此外，OIE 可通过其兽医机构效能评估路径的其他工具，例如兽医机构效能评估差距分析、兽医立法支持计划、实验室结对和兽医教育机构结对项目等，为涉及全球根除小反刍兽疫计划的国家提供专家和体制支持。对于实验室评估，可使用 OIE 兽医机构效能评估实验室工具和 FAO 实验室映射工具（LMT）。

根据 OIE 的定义，国家兽医机构涵盖公共和私营部门，包括兽医辅助性专业人员，在一些国家也包括社区动物卫生工作者。如果是这种情况，必须要考虑他们的法律地位并要进行经常性培训。

主要交付成果

（1）审核感染小反刍兽疫或处于危险国家的 OIE 兽医机构效能评估，及评估后续跟进报告，以确定加强支持全球根除小反刍兽疫计划能力建设方面的国家兽医机构要求。

（2）根据兽医机构效能评估和后续跟进报告审核，咨询国家和区域相关当局和政策制定者，为能力建设和资源分配确定优先事宜。

主要活动

该计划帮助已经获得兽医机构效能评估的国家在实施全球根除小反刍兽疫计划过程中，与相关当局和政策制定者审核发现的问题和建议，以便确定需要加强和资助的关键领域。鼓励没有获得兽医机构效能评估或兽医机构效能评估已经超过五年的国家申请兽医机构效能评估和兽医机构效能后续评估。

全球根除小反刍兽疫计划将鼓励各国利用 OIE 的工具和程序，例如实验室结对、兽医教育机构结对、兽医法定机构、兽医立法协议、兽医机构效能评估相关的实验室任务和兽医机构效能评估差距分析，强化兽医机构。

在区域层面，计划将支持 OIE 对国家兽医机构员工开展区域培训，培训则以案例为基础，侧重使用 OIE 兽医机构效能评估工具帮助他们自主获取兽医机构效能评估报告，并进行兽医机构效能自我评估。与 OIE 区域和次级区域代表处合作，以及相关区域经济共同体协作进行兽医机构效能评估区域分析和兽医机构效能评估差距分析，以便更好地确定需求。

构成要素 2：诊断和监测系统支持

该构成要素是为了更好地了解一个国家或区域小反刍兽疫存在（或可能

不存在）状态、在不同农业系统的分布情况以及最后对这些体系的影响，以便提供相应的支持。这需要评估流行病学状态，并建立良好的监测机制。流行病学家设计和实施的现场监测活动包括参与型疫病搜索工具和样本采集，而样本分析是在兽医诊断实验室进行。在国家层面，应该在流行病学家和实验室诊断人员之间建立长期对话、信任与制度化合作，以成功实施小反刍兽疫根除计划。

由于小反刍兽疫跨境传播的特点，有效根除这一疫病不是一个国家的任务，而需要一个特定区域所有国家共同的努力，不管其已经受到了感染还是处于危险之中。考虑到这一事实，全球小反刍兽疫控制和根除策略包含区域方法，区域内各个国家利益相关方之间定期召开协调会议，并进行信息交流。网络是建立此类密切合作的最佳论坛。这是从全球根除牛瘟计划的成功实施中吸取的经验之一，在全球根除牛瘟计划中，FAO 和国际原子能机构（IAEA）食品及农业核能技术司联合建立并协调功能强大的牛瘟诊断实验室网络——它不仅是 FAO 的实验室，也是 OIE 的协作中心。在全球根除小反刍兽疫计划中，可以预见 FAO 和国际原子能机构食品及农业核能技术司将与 FAO 和 OIE 小反刍兽疫参考实验室密切合作，在组织建立小反刍兽疫实验室区域和全球网络、加强规划涉及的兽医诊断实验室能力以及确保新技术转化到这些实验室方面发挥协调作用。

通过该计划可收集到有影响的基准数据，并可将获取的结果用于经济分析。

构成要素 2 包括三个次级构成要素：①流行病学评估；②加强监测体系和实验室能力；③区域流行病学和实验室网络。

次级构成要素 2. 1：流行病学评估

国家评估将阐明小反刍兽疫感染源以及传播模式和主要防控群体，以确保在区域小反刍兽疫流行病学体系内资源使用最优化并高效根除疫病。流行病学评估是一个持续的过程，每年反复进行，通过使用小反刍兽疫监控与评估工具在区域协调会议期间汇报评估结果。由于建立了监测体系，并且完成了具体畜群的现场评估，国家和区域评估的质量将会改善。

为了能够充分实现流行病学评估这一次级构成要素，需要监测体系发挥功能，能提供关于小反刍兽疫分布的敏感性和现实性信息。该体系至少应该包含疫病报告、主动和被动监测、主动症状监测（包括参与方式）、暴发监测和野生动物监测。当前，很少有国家符合这一要求。

尽管目前还没有野生动物或骆驼群体中存在小反刍兽疫的证据报道，但继续评估野生动物和骆驼群体的感染证据是一项不容忽视的调查活动。此外，国家野生动物（和骆驼群体）中没有发生血清阳性转化可以用来支持其宿主没有受到病毒传播或感染的证据。

国家专家团队应开展流行病学评估，提供具体指导和评估流程培训，必要时，邀请外部咨询专家参与。评估将是一个动态的过程，应根据国家和地区流行病状况的最新信息和变化不断予以更新。在这一过程中，疫病调查和参与型疫病监测技能非常宝贵，但还需要开展更多工作。负责评估的人员需要接受定性风险分析和绘图概念方面以及流行病学方面的基础知识的培训。最后，评估能力建设需要能够指导如何将这一多样化信息整合到一个连贯的、有针对性的根除计划中。

在世界许多地区，由于牲畜移动和贸易模式，生产体系和动物接触网络跨越了国际边界。需要开展区域分析来确定和了解区域内流行病学体系，以便建立有效根除感染的协调机制和针对性根除计划。必须确认具有或很有可能感染相同流行病毒的地理区域。在一些病例中，区域流行病学体系包含更多区域经济共同体，而非一个区域经济共同体，所以需要考虑流行病学区划方法。

区域评估和国家评估相互关联，并相互提供信息。当国家评估完成后，将有助于区域状况的分析更新。区域评估是一个动态过程，将在区域协调会议上根据各国和区域流行病学状况的最新信息和变化每年予以更新。

主要交付成果

（1）关于家养和野生动物宿主种群、移动和联系的准确信息。

（2）关于小反刍兽疫分布和防治的及时情报信息（携带病毒的动物种群和数量以及小反刍动物种群内和种群间的传播途径）。

（3）小反刍兽疫防护和根除机遇的社会学和经济学驱动因素。

（4）起草牲畜和野生动物监测和定点根除计划，包括衡量进度的绩效目标。

（5）区域生产体系和联系模式的分析和地图，以及共享区域流行病学体系的主要社会经济学驱动因素。

（6）区域小反刍兽疫病毒风险和可携带病毒流的分析和地图。

（7）区域协调监测和针对性根除计划。

（8）促进全国流行病学评估的战略框架。

主要活动

在国家层面，每年使用小反刍兽疫监控与评估工具更新小反刍兽疫状态。这也有助于确定最终根除的进程。各国成立一个小组进行流行病学评估。这需要所有可以获取的文献、报告、牲畜和野生动物宿主数据库以及要审核的小反刍兽疫监测活动成果。小反刍兽疫秘书处提供指导方针，各国将使用小反刍兽疫监控与评估工具，根据需要弥补的主要数据差距或要测试的假设场景来制订国家评估计划。通过分析包括价值链和风险分析的流行病学体系，开展现场评估以发现风险热点和传播路径。

按照以下方式实施区域小反刍兽疫防控状况评估：

（1）综合分子流行病学方面的文献综述、现场评估结果和信息。

（2）通过分析包括价值链和风险分析在内的流行病学区域，发现风险热点和传播途径。

（3）审核并整合国家分析和区域流行病学体系分析。

（4）根据国家和区域分析为该区域提出整体流行病学监督（监测）体系，指导制定国家规划。

（5）根据国家或区域的流行病学状态，提议具有时间限制的、适用各情境的根除计划。

次级构成要素 2.2：加强监测系统和实验室能力建设

监测对于计划的实施至关重要。监测将提供关于持续开展流行病学评估工作的主要相关信息，以便为分子流行病学制定战略、确定免疫对象以及收集病毒分离株。监测也有助于衡量有效根除疫病的进度，并为之提供根除证据积累经验。

在计划开始时，监测的目的是了解发展战略，促进根除疫病。监测应该侧重确定传播模式，而非尝试估计发病率。监测的目标是确定主要病毒携带群体，以便制定相应的疫苗免疫战略和规划。

从一开始，开展进行小反刍兽疫监测所需的流行病学技能培训就具有重要意义。疫病调查、通过测试确认疫病以及参与式疫病监测需要相互补充。所需的技能包括疫病确认、流行病学、病理、疫病搜查和疫病调查，最后进行诊断确认和疫病跟踪。这需要制定战略和关注根除病毒的行动。

在全球根除牛瘟计划过程中，在酶联免疫吸附试验（ELISA）完全被使用和推广到几乎所有参与计划的实验室之前，所使用的方法是琼脂凝胶免疫扩散试验（AGIDT）和对流免疫电泳（CIEP）。生物技术、生物信息学和电子设备的到来彻底变革了疫病诊断和报告工具，可高度特异、灵敏和快速地确认病原，并为早期的有效应对创造有利条件。利用这些新技术检测的方法在不断改进，这表明需要不断加强兽医实验室能力建设，例如培训员工、提供相应的设备和试剂。小反刍兽疫流行国家的兽医诊断实验室运用这些新型检测技术的能力存在差异，由于资金支持非常有限，他们中的一些只能开展常规检测。

全球根除小反刍兽疫计划将通过部署加强动物疫病诊断能力，缓解这些不足。要为每个实验室提供对应级别的支持，但切忌将所有实验室提高到较高的水准，这在财政上不可实现。提供的支持应确保在该地区内可进行全面的小反刍兽疫诊断，包括从酶联免疫吸附试验检测到病毒分离以及基因分型，这些是在FAO和OIE小反刍兽疫参考实验室以及FAO和国际原子能机构联合实验室协作进行。首先，诊断包括确定感染及有很多可用的诊断技术。最适合的技术是病毒抗原检测与基因检测。幸运的是，当前有现场即时检测技术（POC）——侧流色谱带试验或“快速检测”可以使用，可在几分钟内提供结果，试验敏感性较高，相对比较便宜。在许多国家实验室，所用的基本确认测试方法是免疫捕获酶联免疫吸附试验（ICE）和以聚合酶链反应（PCR）为基础的试验，两个方法都需要实验室设备和专业知识，尤其是基于聚合酶链反应的试验。

对于国家层面，疑似病例诊断检测最适合的方式是现场使用快速检测。在向参考实验室寄送阳性样本进行病毒特征研究前，应使用免疫捕获酶联免疫吸附试验或聚合酶链反应试验确认实验室检测结果。

预计OIE结对项目以及FAO和国际原子能机构兽医实验室支持活动将为每个地区和网络至少一个或两个实验室创造有利条件，足以成功实施现代化技术标准全面识别和鉴定小反刍兽疫病毒。

根除计划期间的小反刍兽疫诊断可以分为六大类：

（1）专业和非专业实验室诊断人员的现场即时检测诊断。

（2）通过免疫捕获进行的抗体检测或病毒检测的血清学测试酶联免疫吸附试验。

（3）通过反转录聚合酶链反应（RT-PCR）进行小反刍兽疫病毒的识别。

（4）通过定量反转录聚合酶链反应进行小反刍兽疫病毒的识别。

（5）在小反刍兽疫根除计划中，考虑血清或分子检测诊断其他小反刍动物疫病，对于具有类似于小反刍兽疫临床症状的其他小反刍动物疫病，采用鉴别诊断进行检测。

（6）在区域重点实验室或FAO和OIE小反刍兽疫参考实验室或FAO和国际原子能机构联合实验室进行病毒分离以及基因分型。

在全球小反刍兽疫控制和根除策略中，在四个能力层面拟实施疫病诊断和疫苗免疫监测。全球根除小反刍兽疫计划，已经添加了至少五类检测。酶联免疫吸附试验目前是基础的实验室平台，反转录聚合酶链反应监测目前达到同一水平。所有将参与小反刍兽疫根除计划的国家和省级实验室应该能够实施一至三类的检测。国家实验室应该扩展自己的能力，以便可以实施五类检测。许多国家也能开展病毒测序与序列分析，以确认流行毒株的血清类型，并进行分子流行病学研究。区域小反刍兽疫实验室分离的病毒应当提供给FAO和OIE小反刍兽疫参考实验室及FAO和国际原子能机构联合实验室使用。

理想情况下，需要的是全球、区域和国家实验室的分层结构或网络，通过区域和国家实验室诊断人员和流行病学家的区域会议提供支持，持续进行技术开发和信息传播。可以在实验室开发和使用FAO实验室映射工具的小反刍兽疫特定模块，评估实验室开展上述六类小反刍兽疫检测的能力。该模块可以是检测小反刍兽疫防控能力的描述性工具，也可以是监控与评估（M&E）工具。实验室映射工具数据也可能包括能力测试数据。这些来自小反刍兽疫模块的数据可与描述诊断实验室一般功能的核心实验室映射工具的现有数据形成互补。实验室映射工具移动应用程序、全球实验室映射工具数据库设施和国家门户网站都可以用来管理小反刍兽疫模块获得的数据。

主要交付成果

（1）针对一个国家流行病学、监测、实验室诊断和其他疫病管理方面的需求，制订的培训计划。

（2）有针对性的培训师培训（ToT）计划。

（3）各级实施全球根除小反刍兽疫计划的合格员工。

（4）实施协调监督体系（包括主动和被动构成要素）包括：

①基于肺炎肠炎综合征（PES）定义的积极症状监测系统，该系统使用参与式方法和小反刍兽疫测试结果。

②暴发调查体系。调查和采集所有小反刍兽疫或肺炎肠炎综合征的报道。

③加强小反刍兽疫或肺炎肠炎综合征疫病报告体系（每周和每月）。

④监测体系信息流。

（5）诊断服务或获取能够确认小反刍兽疫的诊断或鉴别诊断以及小反刍兽疫病毒分离株分子生物学分析。

（6）使用不同信息源的病毒流记录，包括分子流行病学。

（7）更好地了解病毒传播特点以及病毒根除阈值。

主要活动

在国家层面，计划将为专业人员和辅助性专业人员提供一系列培训课程：

（1）暴发调查；

（2）参与式流行病学调查（PE）和参与式疫病监测（PDS），包括综合征方法以及流行病学和风险评估；

（3）小反刍兽疫监控与评估工具；

（4）疫苗免疫后评估（PVE）；

（5）卫生培训。

计划将支持在国家或区域层面开发FAO领导的兽医现场流行病学培训项目，集中应对小反刍兽疫，包括一个正式的研究生培训（硕士和博士培训计划）。

各国将编制监测计划（使用将要编制的FAO和OIE指南），开展综合征监测和暴发调查活动，并在监测较弱或流行病学状态不明晰的地区开展参与式疫病搜索。计划将引进或加强疫病报告数字化体系，为妥善进行监测和现场评估，加强人力和基础设施资源。

理想的状态是，应该在国家层面建立信息梯级制度，培训讲师使其在国家和跨国区域层面举办培训讲习班。以这种方式培训的人员将负责病毒监测和疫病搜索计划。较高级别的培训讲师则要不断提升专业水平。实现这一目标最有效的方法是建立国家或区域培训讲习班，一开始需要国际专家讲解全球根除小反刍兽疫计划的专业知识，然后不断建立自己的计划。培训师和实践者则需要支持，通过获取集中的疫病暴发数据库，为其提供疫病调查设备包，例如使用电话短消息（SMS）汇报。

培训不是一次性活动，为发展及保持专业技能，需要各级反复开展内容更新的培训。需要综合征监测和参与式疫病监测方面的培训师手册来帮助培训师。此类手册应该精心设计，用当地语言提供调查中的疫病症状相关信息、该症状范围内的疫病临床和流行病学特征、采样和使用诊断检测、报告和村访及其他参与式调查使用的技术。

也要加强实验室诊断和检测（包括样本处理）、小反刍兽疫的鉴别诊断和临床病毒分离株的特征描述。要提供实验室质量保证体系和小反刍兽疫检测确诊相关的培训和现场帮助。目的是要有一个以上国家实验室具备小反刍兽疫检测资质（酶联免疫吸附试验和反转录聚合酶链反应）。计划将支持国际原子能机构近期开发的多重PCR检测技术进行认证和技术转让，以确定四种小反刍动物呼吸系统疫病。

在国家层面，将在FAO和国际原子能机构联合司的支持下开展实验室诊断能力评估，并编制详细的实验室目录。根据全球小反刍兽疫控制和根除策略的建议，收集并分析样本，评估疫病分布。作为现场评估中一部分内容，目前临床分离的小反刍兽疫毒株将用于分析。

计划将确保参与小反刍兽疫诊断的主要实验室有足够的库存制剂、实验室设备和器械。

在区域层面，九个区域牵头实验室（RLL）将用来帮助培养专业技能、履行诊断测试的质量保证以及支持国家实验室开展一系列标准化实验室测试、提供参考诊断服务以及将病毒转移到FAO和OIE小反刍兽疫参考实验室进行深入分析。国家和区域实验室需要进行诊断检测的比对试验演练，尤其是血清学检测，以确保实验室具有这方面的能力。

FAO和OIE小反刍兽疫参考实验室或区域牵头实验室每年都要在区域网络内开展小反刍兽疫国际（或区域）能力比对测试（PT），检测结果将在区域实验室和流行病学网络会议上讨论。如需要，则要为申请并取得结对项目的国家提供帮助。

在区域层面，计划将提供培训师培训，主要针对流行病学和监测以及诊断方法和质量保证。将要编制一系列FAO和OIE小反刍兽疫控制和管理手册[①]（纸质：5～15页；视频：3～4分钟；为远程学习和网络研讨会提供）。

次级构成要素2.3：区域流行病学及实验室网络

区域流行病学和实验室网络对于泛非牛瘟防治运动（PARC）最终根除牛瘟贡献突出。FAO支持在几个区域建立区域实验室（流行病学网络）。全球根除小反刍兽疫计划将建立或加强区域实验室和流行病学网络，并促进在九个区域（次级区域）建立一个区域牵头实验室和一个区域牵头流行病学中心（RLEC）。每年组织一次区域会议供各区域的国家实验室和流行病学员工进行交流。

主要交付成果

（1）设定区域牵头实验室，支持其他实验室。

（2）设定区域牵头流行病学中心。

（3）每年举办区域实验室和流行病学网络会议。

（4）在该区域建立或加强跨境动物疫病（TAD）或突发疫病现有网络。

（5）结对实验室和流行病学单位。

主要活动

该消灭计划联合区域经济共同体，将促进各国之间信息共享和协作。每年组织实验室和流行病学相关的区域网络会议以及协调会议。

构成要素3：支持根除小反刍兽疫的措施

根据全球小反刍兽疫控制和根除策略的规定，支持根除小反刍兽疫的措施是一个不同工具组合，包括疫苗、提高生物安全、动物识别、移动控制、检疫

---

① 小反刍兽疫确认、疫病调查、综合征监测、小反刍动物福利、处置、运输和良好的惯例、取样诊断、良好的实验室惯例等。

和扑杀。这些单项工具可能会在不同程度下使用，个别国家正沿着这条路径前进。全球根除小反刍兽疫计划将支持各国根据自己的流行病学状况，应用相应的工具。

该计划也将支持从未报道过小反刍兽疫的国家被确认为无小反刍兽疫国家。

为了促进全球根除小反刍兽疫计划实施和开发规模经济体，该计划将支持控制其他小反刍动物重点疫病。

该构成要素将分为三个次级构成要素：

次级构成要素 3.1：免疫疫苗和其他小反刍兽疫防治措施；

次级构成要素 3.2：证明无小反刍兽疫；

次级构成要素 3.3：支持在根除小反刍兽疫过程中防控其他小反刍动物疫病。

次级构成要素 3.1：免疫疫苗和其他小反刍兽疫防治措施

该次级构成要素侧重五个主要工作领域：

（1）疫苗免疫。

（2）疫苗免疫后评估。

（3）提高生物安全。

（4）应急计划。

（5）其他预防和控制措施。

3.1.1 疫苗

当前可用疫苗（小反刍兽疫病毒减毒活疫苗）非常有效，可以提供长久的保护。小反刍兽疫病毒只有一种血清型，任何疫苗株似乎都能够预防自然发生的病毒株。当前市场上可用疫苗的主要缺陷之一是耐热性有限。许多实验室目前已经解决了这个问题，研发的改善小反刍兽疫疫苗耐热性的技术必须转让到疫苗制造商。小反刍兽疫当前使用疫苗的第二个缺陷是不能区分感染动物与疫苗免疫动物。区分感染动物与免疫动物的疫苗适用于与疫苗免疫活动同步的疫病监测活动的各个阶段，尤其是疫苗免疫活动成本较低、准确且可开展现场即时检测技术诊断。

主要交付成果

（1）可用的获得认证的小反刍兽疫疫苗。

（2）协调与区域疫苗注册相关的制度。

主要活动

实施疫苗质量控制有助于确保生产优质疫苗的实验室获得支持，以实现高标准效能。需要协调各项活动，尤其是疫苗生产、疫苗质量控制和疫病控制。该计划将通过以下方式支持小反刍兽疫疫苗质量标准的实施：

（1）为技术员工提供关于疫苗生产和质量控制的培训课程；

（2）在所有疫苗生产实验室实施质量管理体系；

（3）实验室间测试，加强内部所生产疫苗质量控制的能力。

还需要支持疫苗储存、运输和装卸良好实践的实施，以便控制疫苗质量和送递疫苗。也要为现场监督疫苗免疫提供支持。

确保为非洲或运输到非洲的小反刍兽疫疫苗获得认证的所有条件在非洲联盟-非洲兽医疫苗中心（AU-PANVAC）中有所介绍，但是其他地方也需要这一能力。

在区域层面，为了确保生产优质疫苗以及所有疫苗获得认证，将举办培训课程协调实验室生物安全和质量保证体系，将建立实验室网络以共享专业知识、协调技术、培训与科技交流的发展以及解决与疫苗生产相关的主要问题。

大多数国家针对疫苗质量标准和注册设立了不同的制度，需要与《OIE手册》第14.7章的协调疫苗质量标准以及与疫苗注册相关的所有制度协调一致。区域协调注册机制可通过互认程序发布许可证，这将确保优质疫苗更快地引入该地区。

在全球层面，需要且目前正在进行能区分感染动物与疫苗免疫动物的疫苗和多价疫苗的研究，除了根除小反刍兽疫，还要控制至少一种小反刍动物重点疫病。该计划也要调查诸如小反刍兽疫、绵羊痘和山羊痘（SP和GP）及布鲁氏菌病疫苗生产商通过OIE认证程序的必要性。

3.1.2 疫苗免疫活动

全球小反刍兽疫控制和根除策略建议幼畜需要在疫苗免疫活动1～2年后，在第二阶段连续两年时间内实施有效的疫苗免疫活动。三大生产体系已经得到确认：牧场畜牧、混合饲养以及商业、郊区和城市系统。疫苗免疫活动的轮数（每年一次或两次）在各生产系统不尽相同。2015年10月在罗马召开的专家咨询会议建议第二阶段的重点应该是为病毒根除进行疫苗免疫，以便直接进入第四阶段——旨在减少国家层面根除小反刍兽疫的时间安排。人们意识到，无论出于何种原因，一些国家可能无法以这样的速度进行，这就是为什么战略和预算包括疫苗应急部分。

区域线路图会议显示，许多国家尽管已经报道开展了小反刍兽疫疫苗免疫活动，但仍将自己放置在评估阶段（第一阶段）。有些国家已经开展了10多年疫苗免疫活动，但是免疫的牲畜覆盖率平均仅有15%～30%，这表明开展详细的流行病学评估是有效推进疫苗免疫活动的基础。对于已经实施疫苗免疫活动以遏制病毒传播的国家，需要尽快评估当前国家开展的防控活动以及小反刍兽疫病毒传播到新地区的风险。一个重要的早期行动将包括与正在实施疫苗免疫活动的处于第一阶段的国家进行协商，商定仅向监测阶段过渡。初步建议还包括确定可能需要进行疫苗免疫的关键领域，以防止疫病传播到当前尚未有疫病报告区域。全球根除小反刍兽疫计划还将支持对疫苗免疫方法评估，以确保相应社区的疫苗免疫活动规划合理、资源充足、包括足够的信息分享以确保全民参与，并在必要时使用耐热性疫苗。

根据评估和监测数据，疫苗免疫活动具有一定的时间限制，为实现根除应提高免疫覆盖率，目标是100％的疫苗免疫覆盖率，以实现高风险区必须达到的畜群免疫水平，而不是持续低覆盖率的年度疫苗免疫活动。疫苗免疫方案是基于每两年接种一次（第二阶段——计划 2～3 年），一年后对农场进行后续随访，幼畜的疫苗免疫（4 个月到 1 岁的动物）可在进入第三阶段后实施。如果由于物流问题无法实施免疫，各国也可自行决定对所有动物的后续跟进（例如成年家畜、青年家畜和幼畜）。正如前文所述，各国具体的疫苗免疫活动计划将根据最初的流行病学评估和随后的监测来确定。76 个重点国家的小反刍动物种群估计达 16.7 亿头，高风险地区需疫苗免疫的目标群体估计约 13 亿头。幼畜后续一轮或应急疫苗免疫活动估计达 2 亿头（高风险区 15％的目标畜群）。五年期计划期间需要疫苗免疫的动物总数估计达到 15 亿头。

主要活动

在国家层面，非洲联盟-非洲兽医疫苗中心和其他相关研究所需要阐明现场疫苗免疫程序，认证购买的疫苗，并将疫苗送到第三方进行质量认证。全球根除小反刍兽疫计划将支持相关人员的进修培训，学习现场小反刍兽疫疫苗免疫方法的最新相关知识，并且学习疫苗生产商有关疫苗存储冷链管理的标准化操作程序（SOP）。

为当前开展的小反刍兽疫项目和国家资助活动绘制地图，确定这些项目的疫苗剂量，与全球根除小反刍兽疫计划的估计疫苗剂量比较，计算疫苗生产方面的差距。

在区域层面，区域组织与小反刍兽疫秘书处合作，每年评估认证小反刍兽疫疫苗的需求。支持邻国之间疫苗免疫日期的协调一致性。

在全球层面，考虑到非洲联盟-非洲兽医疫苗中心的经验教训，探索类似的方法为其他地区建立动物疫病疫苗独立质量控制中心，支持全球根除小反刍兽疫计划。计划也将支持使用 OIE 区域小反刍兽疫疫苗库，为各国按需提供优质疫苗，缓解存储挑战、降低采购过程的复杂性以及尽可能通过规模经济降低成本。即使在生产认证疫苗的国家，区域疫苗库也具有补充功能，一旦有需求，可快速补充提供疫苗。

3.1.3 疫苗免疫后评估（PVE）

每轮疫苗免疫完成后，鼓励各国通过收集数据来开展疫苗免疫后评估，评估疫苗免疫活动的结果，如果疫苗免疫实施了一段时间，评估免疫反应、特定时间点的家畜群体免疫力及其趋势，以及相应地监测整个疫苗免疫链。疫苗免疫后评估活动不限于评估动物免疫后的应答反应，也包括开展主动疫病搜索和被动暴发报告，实施监测系统检查疫苗供应系统冷链的维护状态以及是否有影响疫苗免疫活动效果和效率的免疫失败情况。

根除计划将为血清调查制订方案（考虑了全球小反刍兽疫控制和根除策略中的详细原则），支持各国开展疫苗免疫后评估活动。

主要交付成果

在开展疫苗免疫活动的国家实施疫苗免疫后评估活动。

主要活动

（1）为疫苗免疫后评估设计方案。

（2）实施疫苗免疫后评估活动。

3.1.4 提高生物安全

全球根除小反刍兽疫计划将支持国家兽医当局探索路径，与社区和其他涉及的机构（主要是警察、海关、屠宰场场长和边防检查员）一起实施移动控制措施。这包括编制和传播有助于公众意识提高的宣传材料，组织会议。制定和实施疑似（或确认）疫情应对机制的标准化运作程序。该计划也支持各国在必要情况下，实施基于牲畜身份识别追溯系统（LITS）的移动许可。

3.1.5 小反刍兽疫应急计划及其他预防和控制措施

将向各国提供支持，制订应急计划，并通过桌面或现场模拟练习定期测试其应用。考虑到大约有5%符合条件的小反刍动物群体接受了疫苗免疫，应提供应急疫苗。

当感染畜群的数量非常小，相对来说容易识别时，鼓励各国考虑制订补偿农民的方案或建立保险计划，以便在新疫情暴发早期捕杀动物。各国应确定相应的法律框架和恰当的补偿单位成本。

次级构成要素 3.2：证明无小反刍兽疫

在本次级构成要素条件下，小反刍兽疫历史无疫国家和进入第四阶段的国家将获得帮助，以申请OIE无小反刍兽疫的官方认可。

根据OIE无小反刍兽疫官方认可的流程，从未报道发生过小反刍兽疫的国家、疫病或感染停止暴发至少达25年的国家或已经根除小反刍兽疫的国家不用开展病原体特异性监测计划就可被确认为无小反刍兽疫国家。截至 2016 年，该类国家已经达到 79 个。

进入第四阶段意味着这个国家将要开始实施一整套活动，以便将其正式确认为无小反刍兽疫区。在第四阶段，禁止实施疫苗免疫。将根据早期检测、快报、应急响应和应急计划来采取根除和预防措施。

任何此类国家均需要提供以下证据：过去 24 个月内没有报道小反刍兽疫暴发、没有小反刍兽疫病毒感染以及没有进行小反刍兽疫疫苗免疫。此外，应该根据 OIE《陆生动物卫生法典》要求进口反刍家畜及其精液、卵母细胞或胚胎。小反刍兽疫应该在整个国家（区域）广为人知，所有表明是小反刍兽疫的临床迹象都应该进行现场和实验室调查。需要实施提升民众防控意识的计划，鼓励报告所有疑似小反刍兽疫的病例。即使在没有临床症状的情况下，也要实施相应的监测计划。

一个国家一旦被 OIE 确认为无小反刍兽疫，就应该敦促其学习根除牛瘟方面的经验，并制订小反刍兽疫病毒销毁和封存计划，不应该等到 2030 年才开始这一行动。当前正在开展的有关小反刍兽疫工作（兽医机构主管部门、兽医学院、病原学实验室、研究机构和疫苗生产商的诊断服务）可帮助根除牛瘟相关的工作，因为当前的小反刍兽疫流行区域和曾经的牛瘟流行区域在地理位置上有很大程度的重合。

主要活动

全球根除小反刍兽疫计划将帮助 79 个从未感染过小反刍兽疫的国家根据其历史记录编写资料申请 OIE 的无小反刍兽疫官方认可（《陆生动物卫生法典》，第 14.7 章）。对于之前感染过小反刍兽疫但停止疫苗免疫活动的国家，该计划将支持其建立监测体系，即能够提供未发生小反刍兽疫病毒感染的证据，并生成数据以编写 OIE 无小反刍兽疫认可的申请资料。应该为临床兽医和兽医辅助人员提供关于症状监测的进修培训。监测结果需要整合到一个文档，并提交给 OIE。

尽管申请 OIE 无小反刍兽疫认可是在国家层面开展，但区域和小反刍兽疫秘书处在支持和协调各国活动方面扮演着重要角色。

次级构成要素 3.3：支持在根除小反刍兽疫过程中防控其他小反刍动物疫病

全球小反刍兽疫控制和根除策略倡议将小反刍兽疫和各项策略结合起来控制其他小反刍动物重要疫病，以实现资金和兽医机构效能的最佳使用，提高成本效益。尽管全球根除小反刍兽疫计划重点考虑的任务是根除小反刍兽疫，但也不应该忽视将控制其他小反刍动物疫病纳入计划，因为该计划将鼓励农民支持小反刍兽疫免疫流程。例如，肺炎综合征的综合性和参与性监测可以为制定其他疫病的控制战略提供信息帮助。监测可帮助国家机构确认对动物生产和动物福利产生影响的其他疫病，并提升小反刍兽疫根除活动的控制力度。全球小反刍兽疫控制和根除策略中确认的用于小反刍兽疫控制的九个区域（次级区域）中，流行着很多其他山羊和绵羊疫病。有些疫病在各个区域比较常见，而有些疫病则仅在特定国家或生态区发生。

任何有关整合计划的提议都需要进行可行性研究，调查下列相关问题：疫病的流行病学，在疫苗免疫活动可行的情况下，了解可用疫苗的性质和效力，并估算总价值。

有必要清楚地了解其他疫病的流行病学特点，例如发病率、季节性和涉及的媒介。应该在确定区域（或国家）的重点社区开展参与式快速评估。在召开区域路线图会议期间或实施国家计划期间，应该充分考虑现行的作为常规或紧急反应的控制措施，包括疫苗可用性。

主要交付成果

（1）关于优先防控小反刍动物疫病的流行病学数据。

（2）所选优先防控小反刍动物疫病的控制计划。

主要活动

支持各国制订、证实和实施重点小反刍动物疫病的相应控制计划。为各重点小反刍动物疫病制定相应的模板和指南，帮助各国制定其国家战略计划。关于可与小反刍兽疫防控工作结合而不会影响小反刍兽疫根除活动完整性的疫病清单，已经针对其中几种开展了活动。有些病毒与细菌性疫病的组合就是较好的选择，例如绵羊痘和山羊痘、巴氏杆菌病和布鲁氏菌病。该计划也将支持各国探索与其他疫病结合的可能性，例如非洲的裂谷热（RVF）和山羊传染性胸膜肺炎（CCPP）、亚洲中部的口蹄疫以及内外寄生虫、肠毒素血症或炭疽。

决定将小反刍兽疫与其他小反刍动物疫病相结合的决策应该基于对这些重点疫病充分的流行病学调查数据，包括时间、空间和季节性分布、涉及的物种或品种、发病率、媒介参与、当地节假日和其他重要社会问题。必要时，对小反刍兽疫收集的样本进行其他重点小反刍动物疫病检测。在实施小反刍动物疫病控制活动过程中取得的进步和面临的挑战，将在区域小反刍兽疫协调会议上予以讨论。

构成要素 4：协调与管理

全球根除小反刍兽疫计划的成功实施需要建立全球、区域和国家职能协调机制。

次级构成要素 4.1：全球层面

在全球层面，小反刍兽疫秘书处负责整体一致性，促进全球根除小反刍兽疫计划合作伙伴之间的协作，监督计划的实施、评估、细化和汇报。小反刍兽疫秘书处将与区域组织、参考实验室（中心）、技术及研究机构紧密协作。FAO 和 OIE 小反刍兽疫秘书处将向全球跨境动物疫病防控框架（GF－TAD）管理委员会汇报，以便与其他全球跨境动物疫病防控框架倡议和指南进行协调。

建立小反刍兽疫咨询委员会进行年度计划评估，为小反刍兽疫秘书处提供针对创新、战略指南、建议和意见方面的咨询。审核年度工作计划，监督其技术实施。咨询委员会也将考虑具体计划的目的和目标的实现进度以及研究需要进行的战略投入。

建立小反刍兽疫全球研究和专业知识网络，促进并启动综合统一的研究和专业知识网络，利用协同效应促进根除小反刍动物疫病（尤其是小反刍兽疫）的威胁。小反刍兽疫全球研究和专业知识网络将作为科技咨询平台开展有关小反刍兽疫的科学和创新论证。可能要考虑的一些研究领域包括：

（1）传统惯例、移动模式和社会网络。

（2）国家（区域）层面评估根除策略的预测模式。

（3）疫苗：改进现有工具、研制新的制剂并在现场合理实施。

（4）诊断学：提高疫病意识、培养能力和培训力、实施新工具以及现代化监测。

（5）病毒学和流行病学：宿主易感性、传播生物学、环境稳定性和贸易方面更广泛的知识。

（6）社会经济研究：确定并宣传小反刍兽疫的影响。

（7）其他小反刍动物疫病：将检查并发症作为控制目标、发现协调开展联合疫苗免疫活动的阻碍和机遇以及其他用于小反刍兽疫的努力。

（8）广泛使用新型信息与通信技术。

主要交付成果

（1）建立高效的小反刍兽疫秘书处，根据全球跨境动物疫病防控框架管理委员会和指导委员会监督计划的实施。

（2）建立小反刍兽疫咨询委员会，每年召开两次会议（一次面对面会议）。

（3）建立小反刍兽疫全球研究和专业知识网络，定期召开会议（面对面或电子会议）。

主要活动

小反刍兽疫秘书处将确保全面监督、促进和管理全球根除小反刍兽疫计划的实施，并就有关事宜达成共识。如果必要，向FAO和OIE管理机构、小反刍兽疫咨询委员会、捐赠者、国家和区域组织汇报。小反刍兽疫秘书处也要通过全球跨境动物疫病防控框架管理委员会和指导委员会向FAO和OIE管理层汇报。需要采取的措施包括：①组织召开小反刍兽疫咨询委员会年会；②支持小反刍兽疫全球研究和专业知识网络收集相关研究知识以及制定和实施控制计划；③建立小反刍兽疫国际实验室网络；④建立小反刍兽疫专家名册，支持计划的实施。

次级构成要素4.2：区域层面

在非洲，小反刍兽疫秘书处将与非洲联盟-非洲动物资源局和非洲区域经济共同体建立合作伙伴关系，支持小反刍兽疫工作。在其他地区，小反刍兽疫秘书处与东南亚国家联盟、经济合作组织、海湾合作委员会、南亚区域合作联盟等其他相关机构建立合作关系。

区域小反刍兽疫协调会议为信息分享、进展更新、协调活动和未来规划提供平台。他们为各国提供共同的长期愿景，并为他们创建激励措施，制定并启动国家风险降低战略，这些战略支持区域工作，具有相似的进展路径、里程和时间安排。每个区域成立一个区域咨询小组，由三名国家首席兽医官(CVO)、区域流行病网络和区域实验室网络（投票成员）协调员以及区域经济共同体、小反刍兽疫秘书处、FAO和OIE（非投票成员）代表构成。区域咨询小组监督区域内小反刍兽疫控制活动的实施，因此负责下列活动：审核小反刍兽疫各个阶段的自我评估和外部评估，帮助编写小反刍兽疫区域路线图会议建议并确保其实施，协调并定期联系开展计划一年以上的国家，指导小反刍兽疫培训和能力建设活动以支持区域和国家战略，以及就阻碍小反刍兽疫路线图有效进展的因素提供建议。

主要交付成果

（1）为所有参与国家建立职能性区域小反刍兽疫委员会。

（2）每年召开小反刍兽疫区域协调会议。

主要活动

在区域层面，全球根除小反刍兽疫计划在计划前两年每年支持至少一个小反刍兽疫区域协调会议，召集首席兽医官、实验室和流行病学国家联络人和其他利益相关方。这些会议将提供机会进行：

（1）评估最终根除小反刍兽疫的过程和阶段性进展；

（2）协调影响小反刍兽疫价值链的动物卫生和贸易政策和战略；

（3）促进区域咨询小组和各国代表之间的讨论，为所选国家开展外部评估。

次级构成要素4.3：国家层面

计划将支持各国在其负责牲畜养殖的部委建立小反刍兽疫国家委员会，作为信息分享、规划和报告取得进展和面临挑战的论坛。

主要交付成果

为所有参与国家建立职能性区域小反刍兽疫委员会。

主要活动

每个国家将建立国家小反刍兽疫委员会，促进咨询和利益相关方的参与。相关部委将任命一名国家小反刍兽疫协调员监督国家层面计划的实施。计划将支持中央和地方兽医机构人员之间的协调会议，包括农民、私营合作伙伴、民间社团等。邀请国家派代表参与区域流行病学和实验室网络工作。促进邻国之间协作，研发和实施协调一致的根除小反刍兽疫跨境流行病学区划方法。

3.2 可持续性

全球根除小反刍兽疫计划将从有利环境中获益，具体如下：

（1）国际社会支持根除小反刍兽疫计划的政治承诺，是应对其他全球挑战的重要工具，例如营养与食品安全、扶贫、适应能力、妇女赋权和气候变化。小反刍兽疫全球战略与联合国可持续性发展目标一样，时间规划也一样，并对后者目标的实现起促进作用。

（2）国际组织的会员参与，例如FAO和OIE通过管理机构参与其中。FAO大会和OIE大会最高理事机构，分别于2015年和2016年通过了约束力决议，该决议支持于2015年4月在阿比让通过了全球小反刍兽疫控制和根除策略，并促进全球根除小反刍兽疫计划。2016年4月，FAO会议和OIE共同设立了全球小反刍兽疫根除联合秘书处，并由其具体实施上述决议。

（3）农民社区的支持。2016年5月22日，世界农民组织（WFO）主席强调："小反刍兽疫是全球下一个要根除的动物疫病，目前它仍在大多数非洲国家、中东地区、亚洲中部到南部和东南亚国家暴发。世界农民组织呼吁各国政府和国际组织加大对根除所有这些高致病性疫病的新型工具的投资。"

（4）加强创新与研究。实施全球根除小反刍兽疫计划将促进以下各个领域的研究：疫苗［例如质量评估、质量控制、耐热性、区分感染动物与疫苗免疫动物（DIVA）疫苗、多价疫苗等］、快速诊断检测、特定诊断检测、实验室试剂、实验室技术、技术转让、良好的实验室实践、动物身份鉴定和追溯、流行病学、社会经济影响等。利用机会启动或继续公私合作伙伴关系。基础病毒学领域的研究也能从全球小反刍兽疫控制和根除策略及全球根除小反刍兽疫计划中获益。

（5）获取全球根除小反刍兽疫计划后续跟进相关工具。

3.3 风险和假设

风险

有关风险详情见表3-1。

假设

（1）FAO和OIE参与及国际社会持久的支持，动员捐赠资助全球根除小反刍兽疫计划，包括国家资金，或国家或私营机构资源的补充资金。

（2）通过区域经济共同体、区域线路图和区域咨询小组进行区域协调。

（3）生产足够数量的优质疫苗。

表3-1 风　险

序号	风险陈述	影响	可能性*	缓解行动
国家层面				
1	政治不稳定、安全问题或冲突	野外作业困难或不可能。基层和中央层面之间的报告以及运转链薄弱或缺乏。控制成效延迟	MH	在安全和稳定地理区域的针对性操作
2	国家主管部门关于小反刍兽疫状况的透明度不够	流行病学信息无效，无法按照一致方式组织且实施控制或根除措施	MH	从全球层面（FAO、OIE、小反刍兽疫联合秘书处等）以及区域经济共同体层面给予国家领导人和管理者倡议，以获得高质量的动物卫生信息
3	根除小反刍兽疫的政治支持较弱	在制定法律框架和进行年度预算时未考虑小反刍兽疫事宜，这会对该国的计划产生影响	MH	包括通过FAO和OIE区域管理机构的高层，全球和区域咨询支持全国政治领导人的参与

（续）

序号	风险陈述	影响	可能性*	缓解行动
4	关于根除小反刍兽疫的国家政策薄弱或不存在	全国动员水平较低或欠缺	MH	起草并批准《国家战略计划》和《技术附录》
5	关于根除小反刍兽疫的国家预算薄弱或不存在	实施《国家战略计划》的手段不充足。没有国家资助，捐赠动员不力	MH	从全球层面（FAO、OIE、小反刍兽疫联合秘书处等）以及区域经济共同体到财政预算部，倡议疫苗免疫活动的成本效益
6	对根除小反刍兽疫的农民和牧民支持不足	很难为动物进行疫苗免疫活动，监测薄弱	ML	提升国家层面的交流和疫病意识
7	控制和根除小反刍兽疫的法律框架欠缺或非常有限	兽医机构没有应对疫病需要的工具和权利	MH	立法评估和法律框架的逐渐升级
8	兽医机构人力资源在数量和技能上都不充足	计划的一些关键构成要素，比如流行病学监测和疫苗免疫，比较薄弱	ML	招聘、培训和能力建设
9	兽医基础设施不适应（包括国家诊断实验室）	诊断链（采样、向实验室运送、诊断方法实施）的运行不能令人满意	MH	加强基础设施，调动实验室设备
10	没有生产疫苗的国家实验室或疫苗质量差（国家层面）	疫苗剂量的数量不充足，达不到《国家战略计划》的疫苗免疫目标	MH	加强国家或区域实验室的人力资源、基础设施和设备。进入OIE疫苗库的途径。促进其他地区实验室联系途径
11	疫苗免疫链没有基本的设施（车辆、冷链、注射器和其他小型设备）	疫苗免疫链运行不能令人满意	MH	支持各国获得基础设备并培训相关人员使用
12	疫苗存储能力有限	延迟疫苗免疫	MH	评估疫苗存储的实际需求，支持各国获得足够的设备和实施
13	制度化疫苗免疫多年，但是没有积极的效果	浪费钱和时间。遣散农民和兽医机构人员	MH	将全球小反刍兽疫控制和根除策略方法逐渐转变为疫苗免疫

（续）

序号	风险陈述	影响	可能性*	缓解行动
14	将小反刍兽疫根除工作和其他小反刍动物疫病的控制措施结合起来	分散根除小反刍兽疫的关注点	MH	FAO和OIE管理层根据全球逐步防控跨境动物疫病框架定期跟踪、评估和实施纠正措施
15	没有农民组织或农民组织效率不高	难以让农民社团参与疫苗免疫活动和监测的培训、交流和组织	ML	促进建立农民工会和协会
16	兽医机构效能评估不是当前的、不可用或不存在	关于兽医机构的信息已经过时	ML	通过新的兽医机构效能评估后续跟踪进行更新
17	有些小反刍动物疫病没有被看作控制的重点	全球小反刍兽疫控制和根除策略第三个构成要素没有实施	ML	根据全球小反刍兽疫控制和根除策略在《国家战略计划》中整合其他小反刍动物疫病
区域层面				
18	政治不稳定、安全问题或冲突	处于危机中的受感染国家对邻国构成了永久的威胁	MH	在安全和稳定地理区域的针对性操作
19	漫长的陆地边界	跨境动物疫病入侵，尤其是处于危险中的国家	MH	促进区域会议和合作协调，致力于疫病的区域流行病学状态和区域监测
20	没有区域实验室或流行病学网络	区域层面的流行病学监测较弱	ML	支持建立区域实验室或流行病学网络
21	区域实验室不能涵盖疫苗需求	疫苗剂量、数量达不到区域层面的疫苗免疫目标。疫苗免疫操作和应急计划不能完全完成	H	加强基础设施建设和实验室设备的现代化。培训员工，获取OIE疫苗库
22	没有能开展疫苗控制和认证的区域实验室	疫苗质量和疫苗免疫的效力不确定	MH	支持建立疫苗控制和认证的区域实验室。同时，促进非洲联盟-非洲兽医疫苗中心的疫苗评估

（续）

序号	风险陈述	影响	可能性*	缓解行动
23	区域经济共同体的参与度较低或不足	区域贡献不足	ML	倡议并促进区域经济共同体的参与
24	动物移动情况不清楚或记录不充分	区域层面的流行病学监测不充足，且很有可能感染跨境动物疫病	ML	促进区域会议和合作，重点介绍动物移动和牲畜季节性迁徙
25	区域路线图和流行病学状态未更新	疫病的状态过时了	ML	通过年度会议更新区域路线图
全球层面				
26	全球协调，包括小反刍兽疫秘书处、小反刍兽疫咨询委员会、全球研究和专业知识网络、FAO 和 OIE 管理层之间的关系比较官僚化	全球协调效率低下	ML	FAO 和 OIE 管理层根据全球逐步防控跨境动物疫病框架，定期跟踪、评估和实施更正措施
27	小反刍兽疫咨询委员会或全球研究和专业知识网络不运作	建议支持功能和科技投入不足	ML	小反刍兽疫秘书处、FAO 和 OIE 管理层定期跟踪、评估和实施更正措施

*：预期可能性为高（H）、中高（MH）、中低（ML）或低（L）。

4 经费、监督和评估以及交流

4.1 经费

五年期计划的估计预算是 9.964 亿美元。每年的总预算和构成要素见表 4－1、表 4－2。

表 4－1 每年的总预算（所有资金源，千美元）

	第一年	第二年	第三年	第四年	第五年	共计
构成要素 1	4 905	6 081	4 746	3 192	2 703	21 627
构成要素 2	12 196	15 865	8 820	4 263	2 626	43 769
构成要素 3	—	380 170	380 145	123 054	798	884 167
构成要素 4	13 434	19 674	18 274	18 236	18 161	67 669
共计	30 535	421 789	411 984	148 745	24 288	1 017 232

表 4－2 各资金源总预算（千美元）

	承诺小反刍兽疫计划		政府		正在开展的计划		其他		共计
	金额	%	金额	%	金额	%	金额	%	金额
构成要素 1	21 627	100	—	0		0		0	21 627
构成要素 2	43 769	100	—	0		0		0	43 769
构成要素 3	879 617	99	4 550	1		0		0	884 167
构成要素 4	51 397	76	16 272	24		0		0	67 669
共计	996 410	98	20 822	2		0		0	1 017 232

4.2 监控和评估

强大的监控系统是确保能提供计划项目活动、服务、产品及其影响的基本要求，以实现绩效的可衡量和纠正反馈。

根除计划层面的绩效将按照计划层面结果矩阵（PRM）中概述的全球根除计划的目标和结果进行定期监控。将对计划层面结果矩阵进行必要的调整，以确保完成情况与总体规划目标一致，并能最终达成。该根除计划层面的绩效监控系统的主要价值在于能促进计划不同构成部分之间保持一致，并有助于协调计划的绩效评估。

一名专职人员（对小反刍兽疫秘书处负责）将负责监控各个阶段取得的成就以及预期假设。根据指定的计划，收集监控与评估的数据，并与计划相关的报告一起汇报，作为成果层面的年度和半年度指标。监控与评估报告将生成信息，供利益相关方用来评估项目进展以及为不断进步而进行必要的调整。

定期与捐赠者、OIE有关区域和次级区域办公室、FAO有关国家、次级区域和区域办公室进行协商，审核进度，以便调整计划来应对实际需求和环境。

考虑到计划的范围和广度，根据评估问卷（待定）以及此处列举的监控与评估体系来评估计划的影响。

FAO评估办公室和OIE指定的评估服务机构通过咨询项目利益相关方，一起负责组织最后的评估。

4.3 交流和倡议

全球根除小反刍兽疫计划将获得FAO和OIE的支持，并给予大力宣传和交流协调，这将有助于提升其成效的可预见性，确保与目标受益人、合作伙伴、国家和国际利益相关方就其活动、结果和目标进行有效交流。这将帮助建立长期的承诺、促进计划的实施以及培育建立当地合作伙伴关系和自主权。

小反刍兽疫秘书处将确保编制必要的文档和出版物，介绍全球根除小反刍兽疫计划的进度和成就，涉及国家内部资助伙伴、政策制定者和利益相关方。

FAO和OIE将联络捐赠者为项目捐赠资金，确定资料和出版物的新闻价值，并讨论新闻稿的适当性。

小反刍兽疫秘书处将确保通过联合各利益相关方（政府、FAO、OIE和捐赠者）的标识、展板、贴纸和出版物以及国家和国际媒体来全面宣传推广该计划。

附　　录

附录1　逻辑框架

结果链	指标	验证方法（MOV）	假设
影响： 对于小农生计、贸易和动物健康的负面影响下降	经济损失下降 畜群生产力提升 小反刍动物饲养体系的收入增加		
例证： 减贫，提升食物安全和营养	供应动物蛋白量，单位：每日获取克数（食物安全——供应） 营养不良患病率，单位：%（食物安全——可获得性）* 贫困率（贫困线上的贫困人数比）	FAO有关食物安全相关的数据 家庭收支调查（HIES） 世界银行或联合国开发计划署（UNDP）统计数据	
成果： 感染国家疫病发病率下降了76%，40个未感染国家获得了OIE无疫病状态以及其他重点小反刍动物疫病发病率大幅下降	疫病发病率和患病率下降	紧急预防系统（EMPRES）	与政府协作继续获得支持并有效
其他优先考虑防控的小反刍动物疫病明显减少	进入OIE无疫病状态的国家比率	世界动物卫生组织动物信息系统（WAHIS）	目标国家的政治形势依然稳定，可以进入现场
成果1 预防和控制小反刍兽疫的能力得到加强	培训受益者的累积数量——汇报已经获得了所需技能（知识）领域的能力，按照培训主题分类	岗前培训问卷	政府指定相应的技术员工进行培训

（续）

结果链	指标	验证方法（MOV）	假设
成果2 关键利益相关方的疫病意识和参与能力得到提升	涉及的利益相关方的数量 可用信息及防控意识宣传材料的数量	参与者名单 相关信息和防控意识宣传材料	
成果3 实验室和监测能力得到提升，了解小反刍兽疫状态及其分布，并确认感染发作的高风险区	全球根除计划支持实验室的比例——能够确保生物安全且准确诊断小反刍兽疫和其他重点小反刍动物疫病 确认高风险区域，并根据这一信息制定控制战略	一线来源的实验室报告 兽医机构效能评估报告 实验室映射工具评估	具有足够的实验室能力进行所需的诊断测试 政府允许获取现场和国家数据
成果4 国家评估、控制和根除小反刍兽疫战略和技术计划的制订和更新	国家层面批准的国家战略和计划比例 区域层面批准的区域战略比例	战略和计划批准证明	政府依然承诺批准建议的战略和计划
成果5 加强和实施的预防及控制策略	高风险区域开展疫苗免疫活动 利用优质安全疫苗免疫的动物数量 更新和监测的应急计划数量 疫苗免疫时间一致的国家比例	疫苗免疫标注、报告和记录 应急计划监测记录（报告等） 疫苗免疫时间	政府允许进入疫苗免疫地点 政府愿意与邻国合作实施预防和控制措施
成果6 法律框架得到提升	兽医立法支持计划任务——按照兽医立法支持计划协议发现法律缺陷，从而起草所需的法律	兽医立法支持计划任务报告发现国家立法中的缺陷和不足 起草应对缺陷的新立法	政府愿意颁布修订的法律
成果7 加强国家兽医机构的干预措施得以发现	兽医机构效能评估任务和兽医机构效能评估后续跟进任务，评估国家兽医机构效能	审核兽医机构效能评估和兽医机构效能评估后续任务报告，确定与根除小反刍兽疫相关的国家兽医机构的差距	政府在准备也有能力弥补发现的缺陷

（续）

结果链	指标	验证方法（MOV）	假设
成果 8 其他小反刍动物疫病得到优先应对，其发病率有所下降	批准（认可）的计划比例——正在控制有关重点小反刍动物疫病	需要更多详情确定数据源	政府继续将其他小反刍动物疫病当作重点
成果 9 在各级建立承担职能的小反刍兽疫协调机制	建立小反刍兽疫全球研究和专业知识网络咨询委员会 建立职能性国家（区域性）小反刍兽疫委员会 组织小反刍兽疫区域协调年会 建立和运行小反刍兽疫秘书处 通过待定指标反映的关于改善协作需要讨论的主要预期结果		捐赠人和成员方继续支持小反刍兽疫秘书处和全球根除小反刍兽疫计划

图书在版编目（CIP）数据

全球根除小反刍兽疫计划：促进粮食安全、扶贫和增强适应能力/联合国粮食及农业组织，世界动物卫生组织编著；徐天刚，左媛媛译．—北京：中国农业出版社，2018.5

ISBN 978-7-109-23806-0

Ⅰ.①全… Ⅱ.①联… ②世… ③徐…④左… Ⅲ.①反刍动物－动物疾病－防治 Ⅳ.①S858.2

中国版本图书馆 CIP 数据核字（2017）第 327637 号

著作权合同登记号：图字 01-2018-0300 号

Quanqiu Genchu Xiaofanchu Shouyi Jihua（2017—2021 Nian）

中国农业出版社出版

（北京市朝阳区麦子店街 18 号楼）

（邮政编码 100125）

责任编辑 郑 君

文字编辑 张庆琼

中国农业出版社印刷厂印刷 新华书店北京发行所发行

2018 年 5 月第 1 版 2018 年 5 月北京第 1 次印刷

开本：700mm×1000mm 1/16 印张：4.75

字数：67 千字

定价：32.00 元